AF343398

MÉLANGES AGRONOMIQUES

RÉDIGÉS

D'APRÈS LA PRATIQUE ET LES

EXPÉRIENCES

DES

MEILLEURS FERMIERS ANGLAIS.

LEIPSIC,

IMPRIMÉ CHEZ FRÉDERIC GOTTH. JACOBAEER.

MDCCLXXXXIX.

Table des matières.

Plusieurs de mes amis en Allemagne m'ayant souvent questionné sur différents procédés de la bonne agriculture anglaise, je crois ne pouvoir, pour repondre à leur confiance, faire choix d'un meilleur moyen, que de réunir dans quelques feuilles, le résumé de ce qui m'a paru de plus digne de mériter leur attention. Si je suis assez heureux pour que leur approbation soit le fruit de mes soins, je m'en trouverai par là infiniment récompensé.

I.
CONSEILS

pour le voyage agronomique de ceux qui désireraient aller en Angleterre pour y étudier la bonne culture.

A Londres, il faut voir la société d'agriculture et ses établissements, avec l'école vétérinaire qui est dans le voisinage. On trouve, près de Londres, des prairies naturelles qui ne sont jamais labourées, et d'où l'on tire principalement le foin pour la nourriture des chevaux de cette capitale, et il est intéressant d'apprendre la manière de les traiter et de les fumer. Ces prairies se trouvent au nord de Londres, entre cette ville et Hampstead. Il faut voir ensuite les plantations considérables faites par le roi dans le parc de Richemond, le château de Windsor avec la ferme du roi qui est parfaitement bien administrée. Le premier éta-

blissement des voyageurs agriculteurs doit se
faire près de St. Edmondsbury dans la province
de Suffolk *; on trouve dans ce voisinage Brad-
field, terre de Mr. Arthur Young.   Aprés avoir
séjourné une année dans ce canton, et avoir
fait différentes petites courses pour voir les fermes les plus remarquables, on fera bien d'aller
dans le Cambridgeshire pour voir le grand des-
séchemènt appellé le *Bedfordlevel*; de là, il faut
aller à Lynn, puis poursuivre son chemin par

* Extrait des annales d' Young:

,,Ce que je viens de voir des laiteries de la province de Suffolk, m'a confirmé dans l'opinion qu'il
n'y a pas une autre province en Angleterre, aussi
intéréssante pour ceux qui veulent s'instruire en
agriculture, que l'est celle de Suffolk. Les chevaux, les carottés et la marne du Canton, appellé
le Sandlings, au delà de Woodbridge, les berge-
ries près de Bury, où on voit les plus belles brebis
de l'espèce appellée brebis de Norfolk, les vaches
et les choux de la partie supérieure de la province
(nommée High-Suffolk), la culture des turnips dans
les grandes fermes près de la côte, la circonstance
heureux d'y trouver aussi des marais salés, des ga-
rennes, du houblon et des désséchements etc. forment un ensemble difficile à trouver ailleurs dans
une seule province.''

Holkam, terre appartenante à Mr. Coke, un des plus grands propriétaires, et qui passe pour être un des meilleurs agriculteurs de l'Angleterre; de là aller à Norwich et à Yarmouth; dans le voisinage de cette dernière ville, il faut remarquer un canton, appellé le *Sandlings*, qui passe pour la partie la mieux cultivée de la province de Norfolk; de là, en entrant dans la province de Suffolk, il faut aller, par Beckels,

Saxmondham, pour voir la terre de Mr. Mure. De là on passe par Ipswich, remarquable par sa belle situation sur la rivière Orwell, d'où on doit passer par Halstead pour voir, près de là, Castle Hedingham, terre appartenante à Mr. Majeudie, grand cultivateur, ami de Mr. A. Young, et de qui il est souvent question dans ses annales d'agriculture; de là, on se rend à Chelmsford, capitale de la province d'Essex, pour retourner à Londres. De cette ville, il faut prendre sa direction vers la province de Kent, qui est célèbre pour la culture des feves, du houblon et pour ses vergers; étant dans ce canton, il faut pousser son voyage jusqu'à la ville de Sandwich sur le bord de la mer, qui

est, en Angleterre, un des cantons les plus cé-
lèbres pour la culture des carottes.   De là on
revient, par Tunbridge, à Sheffield place, où
est la ferme de Milord Sheffield, qui jouit d'une
grande renomée comme agriculteur; on va de
là à Lewes, où commencent les dunes, fameuses pour la race des moutons, qu'on y élève, et
lesquelles s'étendent entre Eastbourn, et Bright-
helmstone, appellé ordinairement Brighton;
puis il faut aller à Chichester, où est Goodwood
Park, terre du Duc de Richemond, qui est
très bien cultivée; de là à Petworth, résidence
de Milord Egremont, qui est très célébre par
Mr. A. Young, pour ses connoissances en agriculture; de Petworth, il sera bon d'aller à Guil-
ford pour y prendre des renseignemens sur la
province de Surrey, et de là continuer son chemin, par Farnham, à Odiam, où il y a une société d'agriculture, qui jouit d'une grande renomée.   Pour voir Portsmouth, il faut passer
par Petersfield, et comme le passage de Portsmouth, à l'île de Wight, est souvent dangereux, on fera mieux de retourner à Winchester,
pays célèbre pour ses cochons et son lard, et

de là, en passant par Southampton et le New-
forest, pays charmant, on gagne Leymington,
d'où on se rend, par un trajet très court, à l'île
de Wight, et après en avoir fait la tournée, on
se rembarque pour Leymington; de cet endroit,
Pool devient remarquable; on y trouve une
île, cultivée par Mr. Hurt, dont parle Mr. Young
dans son *Easterntour*. De là suivant le chemin
de Dorchester, il faut remarquer les moutons
qu'on trouve dans la province de Dorset. De
Dorchester, il faut se rendre, par Blandsford,
à Salisbury; étant là, on doit prendre des in-
formations sur Mr. Crook, demeurant à Tetherton dans le Nortwiltshire; il est très vanté dans
les annales de Mr. A. Young, pour sa manière
d'engraisser les differents animaux domestiques
avec des pommes-de-terre, cuites à la vapeur
d'eau, pour quel objet, il a fait un très grand
établissement; ce pays est très célèbre pour ses
fromages. De là on revient par Warminster,
pour voir Longleat, château et ferme du Mar-
quis de Bath, de là on dirige sa course sur la
ville de Bath, où il y a une société d'agriculture,
célèbre par ses mémoires, publiés en huit vo-

lumes, et qui méritent bien l'attention de tout amateur d'agriculture. De là on tourne vers Bristol, et gagne la province de Glocester dont l'agriculture et les laiteries sont avantageusement décrites par Mr. Marshall. On passe ensuite dans la province d'Hereford, pays remarquable pour son cidre, et pour une excellente liqueur, faite de jus de poire, qu'on appelle *perry*, et qui ressemble beaucoup au vin de Champagne. De là on revient, par Worcester, à Warwick, canton où la culture passe pour être bonne. On continue après son chemin, en voyant Leicester, où est la fameuse race des bestiaux, moutons et chevaux du célèbre Bakewell, sur Derby, où il faut voir Kedleston, château de Milord Scarsdale. De là il faut aller à Matlock, pour voir sa situation pittoresque, et un grand établissement pour la filature du coton, appartenant au Chevalier Arkwright, fils de celui qui a inventé la machine ; on voit, en même tems, son beau château. De là on passe, par Ashborne, à Newcastle dans la province de Stafford, où sont les manufactures de fayance de Wedgewood, dont l'établissement se nomme *Etruria.* De là on gagne Shrewsbury, près de quelle ville, il faut voir les grandes fonderies de fer qui sont à Colbrooke Dale; puis on se rend à la ville de Chester, près de laquelle il faut remarquer les laiteries, où se fait le meilleur fromage de l'Angleterre, et où on trouve des Métayers qui possedent de 100 à 150 vaches. Il faut aussi examiner les digues construites sur les bords de la rivière Dee, entre les villes de Chester et de Flint. De là on va à Warrington et à Manchester, où l'on voit les belles fabriques de laine et de coton, et d'où l'on s'embarque, sur le fameux canal du Duc de Bridgewater, pour Liverpool. De là il serait bon, pour arriver à Lancaster, de passer par Preston, Burton et Kendale. Entre ce dernier endroit et Keswick, differents lacs forment un tableau très romanesque; dans celui nommé Windermer, il faut voir Belleisle, qui appartient à Mr. Curwen; on entre ensuite dans la province de Cumberland, où il faut voir Whitehaven, renommé pour les mines de charbon de terre, Carlisle, et Longtown, nouvelle ville, très florissante, appartenante au Chevalier

Grahme. Ici on entre en Ecosse, et on trouve deux chemins pour arriver à Edimbourg; l'un mène par Langholme, Harwick et Selkirke, pays fameux pour ses troupeaux de moutons, et plusieurs fabriques de draps communs et de tapis; l'autre conduit par Dumfries et Moffat, où l'on trouve, près de cette ville, à Leadhills, de fameuses mines de plomb, mais je conseillerais la première de ces routes. Étant à Edimbourg, il faut faire connaissance de Mr. Coventry, professeur d'économie rurale; il faut aussi voir Dalkeith, château et ferme du Duc de Bucleugh, qui a introduit, en Ecosse, la culture du Roota-Baaga ou navet suédois, qui resiste beaucoup mieux a la gelée que les turnips ordinaires d'Angleterre, et que les bestiaux peuvent fort bien manger jusqu'au mois de Juin. D'Edimbourg, il faut aller, par Bathgate, où l'agriculture est très bonne, à Linlithgow, à Falkirke, près de quel endroit se trouvent les Caronworks qui sont les forges les plus considérables de la Grande Bretagne; près de là, il faut voir Grangemouth, port et ville très commerçante à l'embouchure du grand canal, qu'on peut cottoyer jusqu'à Glasgow, ville très commerçante et fabricante. Près de Glasgow, il faut remarquer le grand bassin sur le canal, et un pont en aqueduc, ouvrage digne des anciens Romains, sur lequel le canal passe une rivière qui parcourt un profond vallon. Etant à Glasgow, on fera bien de faire une course du matin pour voir Bothwell-Castle, appartenant à Milord Douglas, qui est un des plus beaux endroits de ce pays-là, et un autre matin d'aller voir Paisley, qui est la première ville manufacturiere de l'Ecosse. On part de Glasgow pour voir le lac Lomond, et plus loin le château d'Inverreray, appartenant au Duc d'Argyle, et on revient par Sterling, où on voit la meilleure manière de cultiver la terre glaise. Pas loin de Sterling, se trouve Blaire Drummond, où on voit le desséchement d'un canton maréca geux effectué par des canaux et des roues de Perse, et où Mr. Drummond a établi une colonie de près de 1000 familles; cette opération est très bien décrite par le Chevalier Sinclair, dans son ouvrage statistique sur l'Ecosse. De là, on continue son chemin par Dumblaine, Crieff, Perth,

Dundee et Montrose; on fait cette route à travers le pays le plus agréable, et le mieux cultivé de toute l'Ecosse, sur-tout cette partie qui se trouve entre Perth et Dundee. Etant à Montrose, on se trouve dans le voisinage d'Aberdeen, qui mérite d'être vu à cause de son beau port, qui est formé par de superbes jettées; cette ville fait un grand commerce de bas de laine qu'on exporte en Russie. On ferait bien de faire une course d'Aberdeen à Inverury; en chemin, on voit beaucoup d'imprimeries de toiles de coton et de blanchisseries de fil sur le bord de la rivière Don. On revient de là pour voir Ury, terre de Mr. Barcley qui est un cultivateur très estimé, et de là on s'en retourne par Lawrence kirk, nouvelle ville qui présente un aspect très florissant, qu'elle doit autant aux soins bienfaisants de son seigneur, qu'à l'industrie de ses habitants. De ce dernier endroit, on se rend à Forfar, Coupar et Dunkeld, charmant château du Duc d'Athole, qui passe, avec raison, pour être un des plus beaux lieux de l'Ecosse. De là, on remonte un charmant vallon, pour voir Athole-house et

Taymouth, deux lieux remarquables dans les montagnes : de là, on revient à Dunkeld, et en allant de cet endroit à Perth, il faut s'écarter un peu du chemin pour voir Hanley, nouvelle ville, très industrieuse, formée par le Duc d'Athole sur les bords de la rivière Tay ; de Perth on fera bien de faire une tournée dans la province de Fife, et même de pousser jusqu'à Coupar, capitale de cette province. On revient de là pour passer la rivière Forth à Queensferry, et en retournant à Edimbourg, on doit remarquer le château et le parc de Milord Hopetoun, et de Milord Roseberry, qui méritent d'être vus, à cause de leur superbe situation, et de leur bonne culture. Etant de nouveau à Edimbourg, il faut aller à Ormistoun, pour faire la connaissance de Mr. Wight, fameux agronome, qu'on peut appeller l'Arthur Young de l'Ecosse, et de là, à Haddington, qui est le canton le mieux cultivé de ce royaume, puis à Dunbar et de là à Berwick ; de cet endroit, on fera bien de faire une tournée pour voir les défrichements de cette province, qui sont très considérables, et qui s'étendent jusqu'à Dunse. De là, on continue sa route jusqu'à Kelso, pays charmant, où est le château et la terre du Duc de Roxboroug; ensuite on va à Coldstream; entre cet endroit et Wooler, il faut remarquer la ferme de Mr. Ascough, qui mérite attention. On se rend de là, à Alnwick, où est la terre et le superbe château du Duc de Northumberland, et en poursuivant son chemin par Newcastle, Durham, et Aukland, où est le beau château de l' Evêque de Durham, on se trouve dans le voisinage de Raby-Castle, où est la ferme de Milord Darlington, qui est un des seigneurs qui aiment le plus l'agriculture en Angleterre. De là, on gagne Richemond, Catterick et Rippon, près de quelle ville se trouve Studley-Park et Hackfal, deux lieux singulierement pittoresques, qui méritent attention. Près de Rippon, on voit Newby, très bel endroit, appartenant à Mr. Weddale. De là, on passe à Ripley pour se rendre à Harrowgate, où il y a à voir de très grands défrichements de landes. Ensuite, il faut voir Harwood-Park, superbe maison, qui appartient à Milord Harwood; de là, on se dirige sur Leeds, Halifax et Huddersfield; on voit

dans ces trois villes, et les environs, les plus
grandes fabriques de draps de l'Angleterre, sur-
tout à Huddersfield ; de là on descend par Wakefield, Sheffield, où sont les grandes manufactures d'acier, et des choses plaquées en argent ; on va de là à Barnsley, et dans le voisinage de cet endroit, se trouve Wentworthhouse,
magnifique château de Milord Fitzwilliam. De
là on doit aller voir les quatre châteaux des Ducs
de Norfolk, de Portland, de Newcastle et de
Kingston, dont les parcs se touchent pour ainsi
dire. On voit de très grands défrichements
dans la terre du Duc de Newcastle, et dans celle
du Duc de Portland, des forêts parfaitement
bien aménagées, et de nouvelles plantations im-
menses très bien soignées. On se trouve alors
dans le voisinage de Nottingham, ville célèbre
pour ses fabriques de fil, pour sa bonnetterie et
ses blanchisseries. De là, on va à Doncaster
et à York ; y étant, il faut prendre des renseignements sur Mr. Vavasour, seigneur, demeurant
dans le voisinage, qui est très grand cultivateur,
et dont plusieurs des expériences agronomiques, sur-tout à l'égard de la nourriture des

bestiaux, et des chevaux avec des carottes, sont décrites, avec éloge, dans les annales de Mr. A. Young.

On doit voir aussi les cantons de Cleveland, et d'Holdernefs, tous deux dans la province d'York, qui par leur beau bétail et leurs riches paturages, méritent l'attention du voyageur observateur. De là, on se rend au port de Hull, où on trouve des occasions frequentes pour s'embarquer pour Hambourg ou la Baltique. Je conseillerais à ceux des agriculteurs, qui se proposent serieusement d'acquerir des connaissances en bonne culture, de se faire présenter à Mr. le Chevalier Sinclair, président de la société d'agriculture à Londres, et à Mr. A. Young, sécrétaire de cette même société. Ces deux Mrs. qui joignent l'obligeance au savoir, se feront un plaisir de diriger les etrangers, qui veulent s'instruire; ils leur donneront tous les renseignements qui pourront faciliter leurs recherches agronomiques, et ne manqueront pas de leur procurer les recommendations nécéssaires pour leur rendre leur voyage aussi avantageux, qu'ils peuvent le désirer. Comme, quand on

veut réussir dans une chose quelconque, on s'y
prépare de quelque manière, je conseillerais à
ceux qui se decideraient à aller en Angleterre,
pour y augmenter leurs connaissances agronomiques, de lire les livres suivants:

L'ouvrage statistique sur l'Ecosse. Par Mr.
le Chevalier Sinclair.

Traité sur l'usage et la culture des pommes
de terre, et *Communications to the board of
agriculture*. Ces deux ouvrages sont du
même auteur. On fera bien aussi de se
procurer:

*Annals of agriculture by A. Young, and letters and
papers of the Bath society of agriculture.*

*Reports of the state of agriculture of the different
Counties of England and Walis, made by order
of the board of agriculture.*

Je conseillerais aux voyageurs agriculteurs
de lire, avant leur départ pour l'Angleterre, les
ouvrages de Mr. Beckmann, professeur à Göt-
tingen.

Oekonomische Hefte für den Stadt- und Land-
wirth, à commencer au mois de Janvier
1796.

Oekonomisch-praktischer Unterricht über den vortheilhaften Anbau der Kartoffeln.

Ces ouvrages se trouvent chez Voſs à Leipzig.

Über die wahren Grundsätze des Futterbaues, chez Henri Gräff à Leipzig.

Über den Kartoffelbau in Groſsbritannien. Par le professeur Leonardi, chez Baumgärtner à Leipzig.

En fait de livres français, je conseille fortement la lecture de la feuille du cultivateur, qui a páru à Paris en 1789, et qu'on continue toujours. Cet ouvrage se trouve á Paris, au bureau de la feuille du cultivateur, rue des foſsés St. Victor, N°. 12, et chez Decker, imprimeur-libraire à Berlin. Il y a beaucoup d'autres ouvrages sur l'économie rurale, qui méritent d'occuper l'attention de ceux qui regardent l'agriculture comme la science la plus intéressante: il s'en trouve un très grand nombre qui sont avantageusement cités dans la feuille du cultivateur, mais on recommande particulierement ceux qui suivent:

Mé-

Mémoire et instruction sur la culture, l'usage et les avantages de la racine de disette ou betterave-champêtre. Nouvelle édition avec changements et améliorations. Par l'Abbé de Commerell. bro. en 8. de 47 p. prix 12 sols de F.

Mémoire sur la nature, l'usage et les avantages du chou à faucher. Par Mr. l'Abbé de Commerell. bro. in 8. de 23 p. prix 6 sols.

Mémoire sur l'amélioration de l'agriculture par la suppression des jachères. Par Mr. l'Abbé de Commerell. bro. in 8. de 45 p. prix 12 sols. On le trouve à Paris, au bureau de la feuille du cultivateur, rue des fossés St. Victor No. 12.

Ouvrage allemand, intitulé la richesse du cultivateur, ou dialogues sur la culture du trèfle, de la luzerne et du sainfoin, qui est traduit en françois.

Observations sur les maladies, les blessures et les autres imperfections des arbres fruitiers et forestiers de toute espèce, avec une

méthode particuliere de les guérir, découverte et pratiquée par William Fortyth,
jardinier du roi de la Grande Bretagne à
Kingsington, traduit de l'anglois, à Paris
chez Theophile Barrois le jeune, libraire,
quai des Augustins N°. 18. bro. in 8. de
84 p.

Réflexions sur les moyens d'améliorer la culture de la foie en France, et d'en augmenter sa production, suivies d'un plan pour
y parvenir. Par Mr. Salvatore Bertezen,
Italien. À Paris de l'imprimerie de la
feuille du cultivateur, rue des fossés St.
Victor, N°. 12. bro. in 8. de 53 p.

———

PROJÈT

pour une société d'agriculture pour la province de Durham en Angleterre.

MONSIEUR,

Comme on a généralement reconnu qu'une ferme, pour y faire des expériences, sera d'une grande importance pour l'amélioration future de l'agriculture, je vous transmets avec la plus grande satisfaction quelques détails sur un établissement de cette espéce qui est projetté dans la province de Durham en Angleterre. Il est reconnu, par les fermiers les plus habiles en Angleterre, que rien ne contribuerait autant et plus surement à l'avancement rapide de l'agriculture que deux ou trois fermes pour y faire des expériences d'aprés des principes libéraux. L'esquisse du plan de la ferme de la société d'agriculture de Durham excitera vraisemblablement de l'émulation dans les autres pays, et je me flatte que votre publication de celle-ci sera le moyen de faire naitre d'autres établissements du même genre.

Je suis avec la plus parfaite estime,

MONSIEUR,

Votre très humble serviteur
AGRICOLA.

Idées sur l'établissement d'une société d'agriculture pratique dans la province de Durham.

Dans la vue d'atteindre cet objet important, on propose d'établir une société d'agriculture pratique, et de faire les expériences les plus propres à l'avancement de cet art sur une ferme louée à ce dessein. Un tel établissement sous la direction de cultivateurs habiles et désintéressés donnera aux fermiers du voisinage des exemples de rotations de récolte les plus approuvées, de l'amenagement le plus avantageux du terrein, et de l'usage des meilleurs instruments aratoires; cela tendrait aussi à amélio-

rer les bestiaux du pays en introduisant de meilleures races, et en fournissant les moyens de
déterminer les avantages et les défauts de chacune ; de même que la quantité et la qualité de
nourriture nécéssaire pour les faire prospérer,
leur faculté de supporter l'inclemence du tems,
leur vigueur ainsi que d'autres circonstances
différentes et importantes que les éducateurs de
bestiaux publieraient difficillement, mais qui
seront entièrement développées par la société
d'agriculture.   La culture des différentes plantes à fourrage, et les recherches sur la qualité
de chacune d'elles, sur le sol et l'exposition qui
leur sont le plus favorables, offrent un champ
vaste aux améliorations ; et enfin la société, en
faisant connaitre les méthodes les plus expédi-
tives et les plus efficaces pour le déssèchement
des terreins marécageux, pour la cloture des
champs, et pour la manière de bien faire les
différentes opérations requises en agriculture,
pourra contribuer à former un corps d'agriculteurs intélligents et plus utiles qu'ils ne l'ont été
jusqu'ici ; en un mot on trouvera que cette société sera très utile en ce qu'elle confirmera,

dans chaque branche d'agriculture, les usages établis sur de bonnes bases; en découvrant et en redressant les erreurs qui auraient pû s'y glisser, et en détaillant tous les procédés peu connus qui peuvent conduire à la perfection du plus utile, du plus agréable des arts dont les hommes puissent s'occuper.

À cet effet l'on soumet au public un plan pour un semblable établissement. L'on ne doit pas le considérer comme quelque chose de complet et de fixe, mais comme une esquisse à laquelle chacun des souscripteurs pourra par son jugement et par une réflexion mure apporter les changements qui paraîtront les plus avantageux. On n'aurait pris aucune mesure pour mettre en exécution ce projet sans avoir préalablement consulté ceux qui auraient été disposés à le favoriser; mais il était si essentiellement nécéssaire au succès de l'entreprise qu'un nombre suffisant de fermiers pratiques, actifs et intelligents travaillassent au comité qu'il n'a pas été jugé convenable de solliciter la coopération du public jusqu'à ce que ce premier grand point eut été assuré. Il ne manque donc plus rien que l'encouragement du public, et les promoteurs de cette entreprise se flattent qu'il ne sera pas refusé. L'amélioration de l'agriculture offre des avantages si grands et si évidents à chaque classe de la société que les gens éclairés et bienfaisants s'empresseront de la protéger.

Esquisse du plan.

1. La société doit louer une bonne ferme pour y faire des expériences qui tendent à améliorer l'agriculture, et à offrir aux agriculteurs voisins une méthode de la culture la plus approuvée, ainsi que les meilleurs instruments aratoires, et l'introduction dans le pays de meilleures races de bestiaux.

2. La direction de la ferme doit être confiée à un comité qui sera élu tous les ans par la société, et l'on prendra, dans une des provinces où l'agriculture est la plus avancée, un inspecteur habile pour en diriger les travaux.

3. On doit tenir un journal de la ferme avec un registre exact des saisons pour le soumettre aux membres de la société lors de leurs assemblées qui doivent être tenus quatre fois par an.

4. Les membres doivent faire l'inspection de la ferme le matin du jour de leurs assemblées. On doit leur présenter à ces assemblées un tableau du progrès des expériences, et on en proposera de nouvelles. L'associé qui proposera une expérience, qui doit être approuvée par la majorité de l'assemblée, sera prié, conjointement avec le comité d'en surveiller l'exécution.

5. Le comité doit disposer du produit de la ferme, et en appliquer le profit aux dépenses nécéssaires. On doit suppléer au déficit par une souscription.

6. Si les fonds de la société suffisaient aux frais nécéssaires pour former une bibliotheque agronomique, cela ajoutera beaucoup à l'utilité de l'établissement.

7. Dans le choix d'une ferme, la société ou son comité doit avoir soin que sa situation soit la plus voisine possible des differents membres; qu'elle ait une grande variété du sol; qu'elle soit placée de manière qu'on puisse se procurer une grande variété d'engrais, et fournir un vaste champ pour faire des expériences.

Depuis la circulation de ce plan, on a tenu, à Durham, une assemblée du comité, qui a pris les resolutions suivantes :

1. Que pour mettre ce plan à exécution, il faudroit avoir une ferme d'au moins deux cents arpents.

2. Que pour monter la ferme avec la variété et la quantité des meilleures races de bestiaux, et la pourvoir des batiments et des instruments d'agriculture nécéssaires, il sera indispensable de faire une avance d'au moins mille livres Sterling.

3. Qu'en considérant les qualités des sols qu'on désire d'avoir, que le loyer de cette ferme montera vraisemblablement à cent cinquante livres Sterlings par an.

4. Que comme il est très important que la personne, à qui on confie la direction de la ferme, soit habile, active, instruite et responsable, son salaire ne peut pas être estimé moins que cent livres Sterling par an. Instruits par un tel homme on espère que les laboureurs employés sur la ferme deviendront des agriculteurs très habiles.

5. Que comme pendant quelque tems on ne peut pas s'attendre à tirer grand parti du produit de la ferme, les frais de l'établissement monteront au moins, dans les commencements, à trois cents livres Sterlings par an.

6. Que dans les premières années de l'établissement, le comité doit s'assembler au moins une fois par mois.

7. Que le comité doit être composé de six fermiers pratiques, de trois gentils-hommes et d'un sécrètaire pour corriger et arranger le journal de la société, et pour veiller à la publication des expériences que la société désire communiquer au public.

8. Que le bétail, les instruments etc. doivent rester la propriéte des souscripteurs.

III.

LISTE

des plantes & racines propres pour des fourrages
d'hiver.

Racine de disette, ou bellerave-champêtre.

Turnips, ou gros navets Anglais.

Grande Chicorée sauvage.

Chou à faucher.

Chou cavalier d'Angleterre.

Grand chou à vache

Chou frisé pyramidal.

Chou d'Ecosse.

Carotte jaune de Flandre.

Pommes - de - terre.

Il est inutile de rappeller les ressources im-
menses que ces plantes fecondes fournissent à
l'économie rurale pour la nourriture et l'éduca-
tion des bestiaux, combien leur culture est facile et peu dispendieuse, leur aptitude à s'ac-
commoder d'un terrein médiocre qu'elles améliorent toujours, pourvu qu'il soit bien defoncé;

il suffit de dire que c'est à elles que les Anglais
doivent, en partie la grande superiorité qu'ils
ont eue jusques ici sur toutes les autres nations
dans le régime agricole.

IV.

TABLEAU

de l'exploitation d'une ferme de 150 arpents.

Arpents
50
en paturages. Il faut choisir pour les paturages
la terre la plus forte, ou le fond,
où l'argile se trouve le plus à la
superficie du sol, parce que cette
sorte de terre serait employée
moins avantageusement à toute
autre culture.

25
En froment   semé après du trèfle *), des vesces
d'été, de la navette, des pommes-

* Extrait de l'agriculture d'Yorkshire, par Marshall,
inséré dans le rapport du comité de la société royale d'agriculture, concernant l'usage des pommes-
de-terre, et la manière de les cultiver:

de-terre, des pois, des fèves, des
carottes ou des choux.   Les bons
fermiers ont coutume de passer la
charrue dans leurs champs, aussi-

„Les pommes-de-terre comparées aux turnips et
aux différentes espèces de choux, peuvent être con-
sidérées de la manière suivante: elles sont plus
nourrissantes, et d'après le sentiment de ceux qui en
ont fait usage, elles engraissent le bétail beaucoup
plus vite, que les deux autres plantes à fourrage.
Comme les turnips et les choux résistent à des gelées très fortes, ils offrent un moyen plus sur pour
engraisser, que des plantes qui se gatent facilement
lors des gelées, ou qui ne peuvent pas même supporter les trop subites variations de la température.
Cependant, lorsque même elles résistent à la rigueur des hivers , elles occupent encore, au printems, le champ qui devrait déja être préparé pour
la récolte prochaine. Mais des pommes de-terre
blanches peuvent, lorsqu'on en a fait la récolte
dans un tems convenable, et avec les précautions
nécéssaires, offrir un fort bon fourrage jusqu'à ce
que l'herbe soit assez grande. Il faut aussi avoir
l'attention de donner à chaque plante le sol qui lui
est propre: Les choux prospèrent au mieux dans un
terrein fort et tenace; les navets dans un sol peu
profond, léger et qui contient peu de sucs nourriciers, et les pommes-de-terre ne se trouvent ja-
mis mieux que dans un sol à la fois gras, léger, ar-
gileux et sabloneux.‟

tôt que le froment en est enlevé, et de les emblaver de nouveau avec du seigle, des turnips, des vesces d'hiver ou avec de la navette pour fourrage de printems; ceci est appellé une récolte d'hiver.

Arpents
25
en carottes, choux, turnips ou vesces d'hiver.

semés après la récolte d'hiver, comme on vient de le voir; ceci est nommé une récolte de jachère. Si l'on a semé des turnips, il faut qu'ils soient bien fumés, et binés deux fois; si ce sont des vesces, il faudra les faucher, ou les faire manger en verd.

25
Orge ou avoine

semée après des turnips ou des vesces d'hiver. On peut semer ces grains avec du trèfle, à moins qu'on ne destine une partie du terrein à recevoir des pommes-de-terre ou de la navette, des vesces d'hiver, des fèves ou des pois.

25
Luzerne, vesces d'été, navette, pommes-de-terre, fèves, pois, carottes ou choux.

——————

Total 150 arpents.

semés avec ou après l'orge ou l'avoine. Le trèfle ou la luzerne * doivent être au moins fauchés une

* Voyez le troisième volume du voyage d'Arthur Young en France, en Italie et en Espagne; il contient une déscription très intéréssante sur la culture et la végétation de la luzerne.

Il rapporte qu'on la fauche sept fois dans les environs de Barcelone. Le Baron de Wildich, le meilleur agriculteur du canton de Berne, qui cultive la luzerne très en grand, dit que le sol qui lui est le plus avantageux, doit être profond et sabloneux, ou bien une argile graveleuse. Elle réussit le mieux dans les années de sécheresse, et dans les pays qui ne sont pas situés au de-là du 54 ou 55me dégré de latitude septentrionale; il l'a fauchée jusqu'à six fois dans un été, et il assure que son rapport a été le même pendant quinze ans, sans qu'on ait eu besoin de la renouveller.

fois ; car si on fait, pendant tout l'é-
té, paturer ces fourrages, le champ
se remplit d'herbes ; ainsi on peut, au
printems, en faire manger, sur la place, une partie en verd, qu'on pourra
faucher tard. Mais s'il se montre des
mauvaises herbes, il faudra faucher
ces plantes à fourrage, avant de les
enfouir dans la terre par un labour.

Les pommes-de-terre doivent
être bien fumées, et binées deux fois ;
les vesces fauchées, lorsqu'elles ne
sont pas encore mures, ou bien mangées en verd sur la place. La navette
ou le seigle doivent être consommés
en verd, dans le champ même, et les
fèves ou pois que l'on aura semés, doivent être sarclés deux fois. Chacune
des methodes ci-dessus est infiniment
meilleure, qu'une jachère, pour se
procurer une bonne récolte de froment.

V.

V.

Sur l'inutilité des jachères et la manière d'exploiter les terres dans la province de Norfolk.

Quelques perfonnes ont mis en question : si les jachères d'été sont nécéssaires ou non? je suis une de celles qui pensent qu'elles ne le sont pas. La nature ne parait demander aucune pause ou repos de cette espéce ; toutes les plantes font leurs pousses annuelles aussi régulièrement, que le jour succède à la nuit. La terre fut evidemment déstinée à donner un produit régulier sans aucune interruption, et c'est ce qui arrive par tout où elle est abandonnée à elle même. Si vous ne semez pas du blé, elle produira des mauvaises herbes, car sa qualité végétative ne s'arréte jamais. C'est par cette raison que nous devons, par une bonne culture, détruire la mauvaise plante, et y en substituer une autre dont nous puissions tirer de l'avantage. L'idée de laisser reposer un terrain est ridicule ; ayez soin d'en faire disparaitre les mau-

vaises herbes, et apportez beaucoup d'attention à alterner vos récoltes, de manière que la
plante qui occupe une année votre terre, la fer-
tilise autant qu'une autre l'épuiserait, et alors
on pourra en tirer parti comme d'un jardin dans
lequel une plante remplace constamment celle
dont on vient de faire la récolte. Voyez plus
de la moitié des terres en Angleterre, qui ne
sont point encloses, et où le système établi par
la vieille école est deux récoltes et une jachère; mais que prouve cela? si non un conflict
entre le fermier et les mauvaises herbes, et dans
lequel ces dernieres finissent ordinairement par
avoir le dessus, car elles ne sont presque toujours qu'à moitié étouffées, et jamais entièrement détruites. De l'autre côté, considérez
la province de Norfolk, qui donne une récolte
chaque année sans être épuisée, et quoique le
sol, dans plusieurs cantons, soit léger et très
ordinaire, en en éloignant les mauvaises herbes, il manque rarement de procurer un bon
rapport, ce qui met le fermier en état d'employer un plus grand nombre de bras, et de
donner une rente plus considérables; ce sont

deux considérations très importantes, l'une étant d'un avantage général au pays, et l'autre au propriétaire.

Ce sujet a excité quelques doutes et objections; je ne vois, néanmoins, aucun motif raisonnable pour soutenir la méthode des jachéres. Les Pays-bas Autrichiens, une des plus fertiles parties de l'Europe, où les récoltes de grains et de fourrage alternent constamment, n'adoptent point, dans la rotation de leurs récoltes, une interruption aussi inutile, et cette province, qui est celle, qui en Angleterre, lui ressemble le plus, ne l'adopte pas davantage. En effet, la récolte des turnips y sert de jachére, et elle met certainement la terre dans un infiniment meilleur état que toute autre culture ne pourrait faire.

Ceux qui parlent de faire reposer la terre, paroissent la considérer comme un animal, qui, sans doute pour resister à son travail, a autant besoin de repos que de nourriture, mais on ne peut d'aucune manière faire l'application de ceci à la nature de la terre, qui, par des amena-

gements convenables donnera toujours, sans in-
rerruption, de bonnes récoltes.

Je crois que la méthode des jachéres, tire
son origine de l'ancien état des terres qui n'é-
taient pas encloses, avant l'introduction des turnips et des prairies artificielles. Dans cette pé-
riode de notre agriculture, l'usage des jachéres
était indispensable, parce qu'alors on ne tenait
que peu de bétail en comparaison d'aujourd'hui,
et que par consequent les terres ne pouraient
être ni si souvent ni aussi bien fumées que maintenant; mais lorsqu'on a commencé d'enclorre
les champs, on aurait du ailleurs abandonner la
culture des jachéres, comme on l'a fait dans la
province de Norfolk; cependant dans les endroits, où les fermiers tiennent encore à l'habitude désavantageuse de tirer de leurs terres trois
récoltes de grain successives, là les jachéres
sont absolument nécéssaires, mais ce n'est nullement une méthode utile dans l'agriculture de
Norfolk.

La rotation des récoltes qui est la plus approuvée dans la province de Norfolk, est sur un
terrain léger, et pour

la 1re année   carottes ou turnips.

2me   -   orge.

3me   -   trèfle ou sainfoin. *)

4me   -   froment.

5me   -   fèves ou pois.

6me   -   orge.

7me   -   trèfle ou sainfoin.

Dans les terres fortes

1re année   pommes-de-terre.

2me   -   orge ou avoine.

3me   -   trèfle pendant deux ans.

4me   -   froment.

5me   -   fèves.

6me   -   orge ou avoine,

7me   -   trèfle pendant deux ans.

8me   -   froment.

Mr. Young dans son *Farmer's tour through the East of England*, ouvrage dont on ne peut jamais assez recommander la lecture aux fermiers, et qui mérite d'être traduit dans toutes les langues, cite, comme un des meilleurs modèles d'agriculture, la ferme de Mr. Thompson à Earlham,

*) Quand on sème du Sainfoin, il faut le laisser en terre pendant six ou huit ans au moins, avant de labourer pour le froment.

près de Norwich, dans la province de Norfolk. Cette ferme consiste en 210 arpents, dont

30   en prairies naturelles,

30   en froment,

40   en orge,

10   en avoine,

10   en pois,

30   en turnips,

30   en trèfle,

6   en carottes,

4   en choux,

8   en luzerne,

7   en sainfoin,

5   en colza.

———————

210

Mr. Young cite une autre ferme dans ce voisinage, qui consiste en 300 arpents, dont

50   en prairies naturelles,

42   en turnips,

60   en orge,

24   en froment,

84   en trèfle,

40   en pois.

———————

300

Mr. Young cite encore une rotation de récoltes, qui a eu le plus grand fuccès dans les
terres fortes.

1ʳᵉ année choux,
2ᵐᵉ   -   fèves,
3ᵐᵉ   -   avoine,
4ᵐᵉ   -   trèfle,
5ᵐᵉ   -   froment.

Cette fucceffion de récoltes eft très avantageuse, car la quantité d'engrais qui provient du
bétail, nourri avec les choux et le trèfle, enri-
chira la terre confidérablement, et fi, dans la
pourfuite d'un tel cours, on rendrait foigneuse-
ment aux champs tous les fumiers qui en proviennent, on en trouverait bientôt l'avantage
exact, ce qu'on ne peut pas déterminer fans ce
foin.

Mr. Young cite également les exemples fuivants :

220 arpents.
24   -   en navets *),
24   -   en orge,
24   -   en trèfle à faucher,

*) Navets et turneps font la même chose.

24	-	en trèfle à pâturer,
16	-	en sainfoin,
26	-	en luzerne,
32	-	en prairies,
50	-	en bois.

____

220

Rotation

des récoltes pour les terrains sabloneux.

1re année   carottes,

2me   -   navets,

3me   -   orge,

4me   -   fèves,

5me   -   froment.

Cette rotation est fort bonne; celle qui suit est également avantageuse:

1re année   navets,

2me   -   orge,

3me   -   trèfle,

4me   -   froment,

5me   -   fèves,

6me   -   orge.

Quelquefois on laisse la cinquième et la sixième récolte en s'arrêtant à la quatrième, et souvent l'on seme des pois au lieu de fèves, et

d'autres fois on ajoute les pois pour une septiè-
me récolte; mais c'est une régle dont il ne faut
jamais se départir, de ne point semer consécu-
tivement bléd, orge ou seigle dans les mêmes
terres.

La meilleure rotation pour les terres grasses
est la suivante :

1re année	-	fèves ou pommes-de-terre,
2me	-	froment,
3me	-	pois,
4me	-	froment,
5me	-	navets ou choux,
6me	-	orge,
7me	-	tréfle,
8me	-	froment.

Dans les pays du nord où la terre est long-
tems couverte de neige, les pommes-de-terre
et les choux sont préférables aux navets parce
qu'on peut les conserver plus long-tems hors de
terre. Ces deux productions sont également
bonnes pour la nourriture des moutons, cochons,
et en général des bestiaux. Si on a l'attention
d'ôter les feuilles gatées des choux avant de les
donner aux vaches, ils ne communiquent pas un

mauvais gout au lait. Les pommes - de - terre et les carottes sont la meilleure nourriture pour les chevaux.

VI.

TRAITE

sur l'agriculture par Mr. le Comte de Bevil.

Je ne crois pas que l'on puisse réussir auprés du peuple autrement que par l'exemple; c'est en pratiquant soi même au milieu de lui, que le succès répété lui prouvera, ce que tous les écrits et les raisonnements possibles ne lui feraient pas croire. J'ai fait tout ce qui a dépendu de moi pendant huit à dix ans pour persuader aux laboureurs avec lesquels j'ai eu occasion de m'entretenir, que leur manière de cultiver était très mauvaise, et je leur ai expliqué de mon mieux celle que j'employais. Leur réponse à tous était toujours: „Cela se pourrait, je le croirais bien, mais nous ne sommes pas accoutumés à cela; nos pères faisoient comme nous, "et nous voulons faire comme eux." Il n'y a, que dans l'endroit où je demeurais, que j'ai apperçu quelqu'amélioration dans leur agriculture, les paysans ayant vu pendant sept ou huit années consécutives, que je réussissais et que je tirais beaucoup plus de mes terres, qu'ils ne faisaient des leurs, quoiqu' enclavées les unes dans les autres; ils ont essayé peu à peu de faire comme moi, et sans la révolution qui a mis fin à ma culture, je crois qu'elle aurait été généralement suivie dans la paroisse; mais il aurait fallu un siècle pour qu'elle fut adoptée par la province entière.

Voici à peu près la culture que j'ai trouvé la meilleure, et qui je crois peut s'adapter à toutes sortes de terres.

Je suppose un terrein de 180 arpents ou acres, je le divise en neuf parties égales dont je garde une pour un objet particulier dont il sera question après. Le reste forme huit solles ou parts égales ainsi ensemencées:

Apperçu de la récolte des neuf divisions chaque année

	1. folle	2. folle	3. folle	4. folle	5. folle	6. folle	7. folle	8. folle	9.
1. année	sain-foin.	sain-foin.	sain-foin.	avoine.	légumes.	bléd ou seigl.	trèfle	orge	culture libre
2. année	sain-foin.	sain-foin.	avoine.	légumes.	bléd ou seigl.	trèfle	orge.	sain-foin.	
3. année	sain-foin.	avoine.	légumes.	bled ou seigl.	trèfle	orge.	sain-foin.	sain-foin.	
4. année	avoine.	légumes.	bled ou seigl.	trèfle	orge.	sain-foin.	sain-foin.	sain-foin.	
5. année	légumes.	bled ou seigl.	trèfle	orge.	sain-foin.	sain-foin.	sain-foin.	avoine.	
6. année	bled ou seigl.	trèfle	orge.	sain-foin.	sain-foin.	sain-foin.	avoine.	légumes.	
7. année	trèfle	orge.	sain-foin.	sain-foin.	sain-foin.	avoine.	légumes.	bléd ou seigl.	
8. année	orge	sain-foin.	sain-foin.	sain-foin.	avoine.	légumes.	bléd ou seigl.	trèfle	
9. année	sain-foin.	sain-foin.	sain-foin.	avoine.	légumes.	bléd ou seigl.	trèfle	orge.	

Nota. Le sainfoin se seme avec l'orge, et le trèfle avec le bléd.

De cette manière il n'y a jamais deux récoltes
de fuite en grains dans la même place, ce qui épuife
la terre, et cependant eft presque généralement
établi dans tous les pays que j'ai parcouru. *) Le
fainfoin vient dans toutes fortes de terrain, je l'ai
éprouvé par moi-même, et l'ai remarqué dans les
différents endroits que j'ai eu occafion de voir et
où fa culture eft en ufage. Un de fes grands avantages eft que fa racine eft un excellent engrais
pour la terre où il eft mis, qu'il repofe cette terre
en produifant une nourriture abondante et très
faine pour toutes efpèces d'animaux. Il ne fe
coupe qu'une fois par an, mais il a un regain que
l'on peut faire manger fur la place, fans craindre
que même par l'humidité les animaux en foient
incommodés.

Il n'en eft pas de même du trèfle et de la luzerne; le premier furtout eft mortel pour les beftiaux
qu'on y laifferait paître en tout tems, mais furtout
par un tems humide. Les beftiaux aiment beaucoup ce fourage, le mangent avec avidité: il entre

*) La différence entre les bons et les mauvais cultivateurs,
consiste en cela: les bons regardent tout l'assolement
comme soumis à l'intérêt de leurs troupeaux et laissent
leurs prés aussi long tems qu'il est possible, fans le rompre; mais les autres toujours pressés d'avoir du blé, et ne
regardant qu'à l'avantage du moment, rompent leurs
prés trop-tôt.

en fermentation dans leur eſtomac, les fait enfler, et ils périſſent en moins de 6 heures. Lorsqu'ils commencent à enfler, il n'y a d'autre réméde que de leur paſſer le bras dans le goſier, et leur retirer ce que l'on peut attraper dans leur ſac, ou premier eſtomac, ou de leur faire une ouverture ſur le dos; encore ces rémèdes ne réuſſiſſent-ils que rarement.

D'après le genre de culture ci-deſſus indiqué il y a toujours la moitié des terres en prairies. On peut par conséquent élever une grande quantité de beſtiaux, et ſumer annuellement toutes les terres qui doivent porter du grains. Celles-ci étant beaucoup mieux ſumées et cultivées, qué ne le ſont les terres dans l'état actuel de l'agriculture, rapporterent bientôt le double de ce qu'elles faiſaient auparavant. Cela n'eſt pas dit au hazard, et je l'ai éprouvé pendant 8 à 10 ans que j'ai pû m'occuper en France de cette partie. Lorsque par ce moyen on aura aſſez engraiſſé ſes terres pour qu'elles puiſſent ſe paſſer de repos, on pourra aiſement les mettre en 4 ſolles au lieu de 8. Il n'y aura qu'à ſupprimer les trois années de ſainfoin et l'avoine, il reſtra: 1. année légume; 2. bléd ou seigle; 3. trefle; 4. orge ou avoine. Alors il n'y aura qu'un quart des terres en prairies et les trois autres quart en grains ou légumes. Mais je crois la première méthode meilleure pendant bien longtems. Ce n'est pas la quantité de terrein qui fait la richesse du cultivateur, mais la manière dont il sait tirer parti de celui qu'il a. Malheureusement on est encore bien loin de faire rapporter aux terres tout ce qu'elles peuvent produire; ce n'est qu'alors qu'il faut diminuer ses prairies et augmenter les récoltes de grains.

Il me reste à parler du neuvième mis en reserve sous le nom de culture libre; il est de 20 arpents. J'en mets à peu près moitié en luzerne, qui ne peut être mis en solle comme le sainfoin, parce qu'elle dure beaucoup plus longtems; car si on en a soin, elle doit durer douze à quinze ans. Elle diffère encore du sainfoin en ce que si on la reseme une seconde fois sur la même terre, même après un intervalle de plusieurs années, elle ne vient pas aussi bien que la première fois; ainsi on ne doit pas en mettre de nouveau dans un endroit qui en a déja produit. De l'autre moitié j'en seme encore la moitié faisant le quart du tout en chicorée sauvage. Il faut à peu près deux boisseaux mesure de Paris de semence par arpent. (l'arpent dont je parle, est l'arpent de France ayant 48000 pieds quarrés de France). Il faut en même tems semer quatre à cinq livres de trèfle par arpent avec la chicorée. J'ai commencé à cultiver un peu en grand cette prairie artificielle en 1788 et jusqu'en 1792, que la révolution a mis fin à ma culture, j'en ai été très satisfait. On ne peut l'employer qu' en verd, mais c'est le plus précoce et le premier fourrage verd, que l'on peut donner aux bestiaux. Les vaches le mangent avec avidité; elle leur fait donner beaucoup de lait fort crèmeux et sans aucune amertume ni mauvais goût; on en donne aussi aux boeufs, aux veaux et aux cochons. Ces derniers l'aiment aussi beaucoup, et on peut commencer à les engraisser avec cette plante. On la fauche une fois par mois, de manière que dans le cours de l'eté on peut la faucher au moins six fois, et dans les bons terreins elle peut rendre annuellement jusqu'à douze cent bottes de fourrage

rage par arpent. Le terrein dans lequel je l'a-
vais fait semer, était un peu sablonneux, mais
j'en ai vu croître naturellement dans présque
toute espèce de terres. Je ne puis dire au juste
combien de tems cette espèce de prairie artificielle peut rapporter, celle que j'ai fait semer
en 1788, était encore d'un très bon rapport en
1792, que j'ai quitté la France. J'en avais fait
l'année d'avant labourer une partie, et l'avoine
qu'on avait semé sur la place, est venue fort
belle.

J'employe le dernier quart des terres reser-
vés à faire des enclôs pour servir en quelque
façon d'infirmerie aux bestiaux malades, pour
mettre ceux qui ont des jeunes éleves, j'en mets
une autre partie en vergers, en pepinieres, et
enfin le reste me sert pour faire des essais sur
les découvertes annoncées journellement dans
les livres écrits sur l'agriculture, et pour voir
par là le degré de confiance qu'elles méritent.

La chose la plus essentielle en agriculture,
et à la quelle je crois que l'Angleterre doit une
partie des avantages qu'elle a en cette partie sur
les autres pays, c'est la clôture. Je crois qu'il

ne peut y avoir de culture parfaite sans clôture;
car sans cela on n'est proprement pas maitre de
son terrein, et l'on est exposé à perdre une partie de sa récolte par les bestiaux des autres, et
souvent même par les siens propres. On ne
peut pas faire manger sur la place sans risquer
la récolte de la terre voisine, par conséquent
on ne peut pas tirer parti de tout. Les premiers
frais sont considérables à la vérité, mais le propriétaire en est bien recompensé par la suite.
J'ai remarqué et toux ceux qui voudront se donner la peine de l'examiner, sont à même de faire
la même observation, que dans les pays sans
clôture, lorsqu'un particulier faisait enclôre un
champ, il doublait par cela même sa valeur.
J'en ai cherché la raison et crois que cela provient de ce que du moment que le champ est
enclôs, le propriétaire ne le regarde plus comme une terre labourable, mais comme une espèce
de potager, et alors il y établit à peu près la culture dont j'ai parlé plus haut, ce qu'il ne peut se
décider à faire sur ce qu'il appelle terres labourables. J'avais divisé mes terres par enclôs de
dix ou quinze arpents autant en quarré que je

le pouvais, afin de croiser les labours, ce qui vaut
beaucoup mieux (quand le terrein le permet)
que de labourer toujours dans le même sens.
Pour former les hayes, j'avais fait faire deux
fossés de 5 pieds de large sur 2½ de profondeur
à 7 pieds de distance l'un de l'autre, et fait jetter la terre des fossés dans l'espace qui se trouvait entre eux, sur cette terre je faisais planter
une haie double de jeunes plans de pommiers
et poiriers sauvages.   On coupe cette haie tous
les ans, en ne la laissant monter que de six pouces par an; au bout de huit ans cette haie est
impénétrable à tout et beaucoup meilleure qu'
une haie d'épine. Elle a de plus un grand avantage.   Tous les six pieds je laisse monter un
arbre que je fais greffer, et dix ans après cela
me procure une quantité immense d'excellens
fruits; lorsque les branches des arbres se touchent, je fais abattre la moitié des arbres; le
reste se trouve à 12 pieds de distance, et lorsqu'ils se touchent encore, j'en sacrifie une autre
moitié, et ils sont à 24 pieds les uns des autres,
jusque là j'ai joui de la place qu'ils doivent remplir, et pour cela il ne m'en a couté que la pei-

ne de laisser monter une branche de ma haie et de la greffer.   Je n'ai encore vu pratiquer cela dans aucun pays, et je ne sais pas pourquoi l'idée n'en est venue à personne, car il n'y a rien de moins couteux et d'un plus grand rapport, surtout dans un pays où il n'y a pas de vin. L'ombre des arbres ne peut faire un grand tort aux grains, et au moyen des fossés les racines sont obligées de se contenter du terrein qui est entre deux.   Au lieu d'arbres fruitiers les haies sont garnies presque partout d'ormes, chesnes etc. qui s'élèvent beaucoup plus haut qu'eux, font par conséquent beaucoup plus d'ombrage, et sont d'un moins grand rapport au propriétaire.

Pour avoir le jeune plan de sauvageons en pommier et poirier, il faut acheter de quelqu'un qui fait du cidre le marc de ses pommes, ce qui certes n'est pas cher.   On le seme dans un bon terrein bien fumé et bien préparé, et dès la première année on a déja quelques plans; on continue d'en avoir et en plus grande abondance pendant quatre à cinq ans, parceque tout ne leve pas la premiere année et qu'on a soin chaque fois de ne lever que ce qui est assez fort pour être transplanté. Il faut semer par rayons pour pouvoir sarcler et ôter les mauvaises herbes sans endommager les jeunes plans.

VII.

Sur les avantages de la culture du trèfle et l'amélioration des terres froides et humides.

Les préjugés se sont malheureusement trop invétérés parmi les agriculteurs, et les habitudes ont fait succomber l'émulation. Il est tems que l'habitant des campagnes s'écarte du système de routine qu'il a embrassé, pour se livrer à des procédés dont l'expérience démontre l'avantage; l'intérêt général, l'intérêt particulier le lui commandent, en même tems que le gouvernement lui assure protection et sureté.

Pourquoi donc l'agriculteur, qui sait que les prairies artificielles produisent des améliorations utiles, n'en propage-t-il pas l'étendue au moins sur un cinquième de ses champs, puisqu'il est

vrai que tous ceux qui le font ont de belles récoltes, de nombreux et beaux troupeaux? pourquoi tous n'adoptent-ils pas cet usage, en ense-
mençant au printems une certaine quantité de
tréfles, si leurs le leur permettent? les avances
qu'ils feront, rendront cent pour cent de plus
que de coutume.

Le tréfle est un engrais réel; les contrées
qui adoptent sa culture, sont riches. Cette
plante bienfaisante est si peu délicate, qu'elle
ne demande pas de labour, et elle peut donner
au bout d'un an, à tous ceux qui ont été con-
traints d'amaigrir leurs terres par des ensemen-
cements successifs en blé, pour contribuer à des
approvisionnements nécéssaires, des moyens
surs pour remettre en bon état leurs champs ap-
pauvris.

Il y a plusieurs espèces de tréfle, qui n'ont
pas la méme propriété; celle qui se plait dans
les prairies est bâtarde, et son vrai nom est *trio-*
let. Elle est extrèmement bonne pour les bestiaux; mais ce n'est pas celle a laquelle il faut
s'attacher, si ce n'est pour former des pacages.
C'est le tréfle rouge qu'il faut ensemencer, par-

cequ'il donne plus de produit, et qu'il porte avec lui une humidité favorable au sol.

Il faut encore observer qu'il y a de différences dans le tréfle rouge. L'espéce du Nord a plus de mérite du côté de l'amélioration des terres, parce qu'elle s'enracine moins, et produit plus d'ombrage par sa hauteur. Celle qui est plus ordinaire, et qui se séme le plus généralement, a l'avantage d'être plus robuste à cause de son abâtardissement; mais elle ne rend pas la terre aussi nette. Cependant l'une et l'autre espèce sont vraiment un moyen d'engrais et de prospérité champêtre.

La culture du tréfle peut être appliquée très avantageusement aux terres froides, compactes et qui ont besoin d'être échauffées par la marne; il les ameublit et facilite la filtration des eaux; toutes les terres humides peuvent être dessechées par le moyen des fossés. L'expérience en a été démontré par des cultivateurs qui ne doivent leur fortune qu'à la culture du tréfle, comme il y en a d'autres, dans les pays secs, qui la doivent à celle du sainfoin.

Différentes méthodes sont connues sur l'ensemencement du trèfle; mais la meilleure est
celle de le semer au printems et avant les hâles
de l'été. Dans beaucoup d'endroits, on séme
le trèfle dans le blé, et dans d'autres on le séme
dans de l'avoine ou de l'orge: l'une et l'autre
manière peuvent avoir beaucoup de succès, mais
la méthode la plus approuvée et la plus généralement suivie, est de le semer avec de l'avoine
ou de l'orge.

Lorsque le trèfle succéde au blé ou au seigle,
il tient lieu de graines printannières l'année suivante, et au lieu d'amaigrir la terre, il l'amende.
La même chose arrive, lorsqu'on le séme avec
l'orge ou l'avoine; il prépare à la végétation, et
tient lieu de toute espéce de fumier. Quand le
trèfle reste deux ans, il laisse une amélioration
compléte, et telle terre que ce soit, donne pendant plusieurs années, des récoltes extraordinaires.

Les avantages qui résultent de la culture du
trèfle sont inappréciables; il n'est pas un cultivateur, qui n'en convienne. Celui qui est propriétaire peut en tout tems en profiter; la graine

est assez commune, et on peut s'en procurer presque partout à assez peu de frais.

Il est possible de supprimer l'usage des jachères, en faisant alterner les récoltes entre les grains farineux et les plantes grasses. Celui qui laboure le plus grand champ, n'est pas toujours celui qui récolte le plus. Toutes choses égales, sur les terreins naturellement froids, trois arpents de terre, dont un serait alternativement semé en trèfle, produiraient autant de blé et quelquefois plus que s'il y en avait toujours un des trois en jachère.

Qu'il est beau d'avoir à récolter partout! cela dépend pourtant des agriculteurs. Que chaque propriétaire impose donc à son fermier l'obligation d'ensemencer le plus possible, pourvû qu'il lui laisse un cinquième de son bien, en le quittant; en prairies artificielles bonnes à défricher, il ne pourra qu'y gagner. Que ces conditions d'anolemens réglés disparoissent et soient remplacées par des conventions sages et économiques. L'expérience a prouvé qu'une grande partie des jachères ou guerets pouvait être supprimée, en entretenant toujours une certaine quantité de ces prairies amovibles. Voila le moyen d'avoir des bestiaux, du blé, de l'orge et de l'avoine. Si cette méthode était adoptée par les agriculteurs, ils ne tarderaient à sentir que leur intérêt est attaché à la quantité d'herbages artificiels ou naturels dépendans des exploitations; ils verraient bientôt qu'il n'y a pas de tems à perdre pour ensemencer des trèfles, des luzernes et des sainfoins, non dans toutes leurs terres, mais successivement sur un cinquième au moins. Si cette invitation est suivie, l'ancienne routine sera abandonnée sans regret, et l'agriculture aura fait un grand pas. Depuis longtems l'économie pratique provoque ces ensemencemens, mais l'esprit rustique a conservé l'opiniatreté d'habitude.

Préparez-vous donc, agriculteurs, à ensemencer des trèfles dans la partie des terreins que votre intention serait de soumettre au régime des jachères. Vous pourrez, après avoir recueilli deux coupes, si vous ne vous contentez pas d'une, faire à la herse, sur un seul labour propre et profond, l'ensemencement du blé en automne. Observez cependant que si la

terre n'était pas nette, il vaudroit mieux ne
prendre que la première coupe seulement, et
enfouir le regain, au bout de quinze jours de
pousse, comme fumier. Ne laissez pas écouler
la saison, semez du trèfle dans vos blés à différentes reprises, d'abord en Mars et plus tard, si
la première semence succombe à l'ardeur du
soleil. Semez-en dans vos avoines et dans vos
orges, et l'année suivante vous aurez des vivres
pour vos bestiaux. Toutes les plantes et tous
les grains aiment à succéder au trèfle, principalement l'orge et le blé de Mars ou de printems
qui suppléeront au blé ordinaire en tems de disette. Il ne faut que des précautions pour réussir : rafermissez bien vos terres nouvellement
labourées, avant d'y jetter la semence ; que le
trèfle soit un peu recouvert, s'il est possible,
avec la herse à l'envers ou le rouleau hérissé
dans les grandes cultures. Mettez vingt livres
de graines par arpent, et après avoir moissonné
le blé, si vous avez des fumiers, ne fussent-ils
pas consommés, vous les mettrez sur vos trèfles,
à moins que vous n'en ayez absolument besoin
pour ailleurs. Au printems suivant procurez-

vous de la cendre de tourbes, du gyps, de la chaux, ou toutes matiéres vegétales pour les en poudrer, et certainement vous aurez, après le défrichement, la satisfaction d'avoir prodigieusement amélioré vos champs.

Si la culture du trèfle a épouvanté plusieurs agriculteurs, c'est aux bergers et aux vacheres qu'il faut s'en prendre ; ces patres sont ordinairement si avides de faire paître leurs troupeaux, qu'ils les conduisent sans précautions dans les trèfles, sans faire attention s'ils ne sont pas humides, ce qui leur cause des maladies et quelquefois la mort. Comme ce danger peut être évité, il ne met aucun obstacle à l'execution de la méthode proposée, et dont le succès ne tardera pas à recompenser ceux qui l'adopteront.

LUZERNE.

La luzerne est la plante à fourrage par excellence, par ses qualités et par son abondance ; mais elle demande un terrain qui ait du fond, qui soit légèrement substantiel, bien divisé et façonné par les labours ou la bêche.

Originaire de la Grèce, elle est toujours mieux à l'exposition du midi; elle réussirait bien dans les vergèrs, que vous travaillez tous les ans, sur les terres à chenevieres, sur toutes celles, enfin, où il est possible que les racines puissent pénétrer, où la terre est assez serrée pour retenir une humidité suffisante, et assez légère pour laisser échapper l'excès des eaux de pluie.

On employe ordinairement quinze à seize livres par arpent, ou deux livres par boisselée; on la seme comme les raves, et avec les mêmes précautions à la pincée. La meilleure saison pour la semer est au printems. Elle acquiert assez de force pour resister aux gelées d'hiver et même pour donner une première coupe en automne: on fera très bien de la couvrir en hiver, de fumier long, qui la mettra à l'abri des gelées, des frimâts, et qui en se décomposant, ajoutera beaucoup aux principes de fertilité.

Dès la seconde année, on la fauche deux et trois fois; à la troisième, elle est dans toute sa force. L'époque pour la faucher est la floraison, quand on ne veut pas en reserver pour la graine. Elle est d'une dessication facile; elle fait un fourrage délicieux pour toute espèce de bestiaux.

La luzerne dure ordinairemênt huit, dix, douze à quinze ans; elle a l'avantage inappréciable de donner trois à quatre récoltes, c'est-à-dire dix, douze à quinze milliers par arpent; elle n'épuise pas la terre, au contraire, par ses tiges amples et élevées, elle tire beaucoup d'engrais de l'atmosphère; ses racines ouvrent, atténuent et divisent les couches inférieures de la terre, y laissant pénétrer des principes fertilisants; ce que les labours ne peuvent faire: elle laisse tomber beaucoup de feuilles, qui ajoutent encore à la terre végétale.

Je dois vous prevenir que le chiendent lui est funeste, surtout lorsqu'elle est jeune, il profite de la faculté qu'a la luzerne d'attirer l'humide répandu dans l'air, pour végeter avec une force prodigieuse, enchevétrer et tracer par-tout ses racines: il faudra donc avoir soin de bien défoncer le terrain, d'extirper le chiendent, et de l'en garantir, pendant la première année surtout: on fera bien de le détruire, quand on verra qu'il tend à dominer.

Elle est encore sujette à être attaquée par une sorte de mousse, qui couvre le terrein, s'attache à la plante, et détruit peu-à-peu son action végétative; elle finit par en périr. On previent cet accident qui n'affecte que quelques parties, en hersant ou piochant les endroits où se montre cette mousse.

La cuscute, teigne ou teignard, dont les filamens excessivement multipliés, blancs et rouges, la fait périr également. Gilbert, qui, de tous les agronomes existans, a le mieux écrit sur les prairies artificielles, pense qu'il n'y a pas de meilleur moyen, pour la détruire et la faire disparoitre sans retour, qu'en redoublant de soins pour faire végeter avec plus de force la luzerne, soit par le sarclage, soit par la mise des terreaux et fumiers. Cette plante, parasite en effet, n'est jamais plus vigoureuse que lorsqu'elle s'implante sur d'autres plantes, qu'elle affoiblit de plus en plus. La vigueur de la végétation de la luzerne l'étouffera, et ne lui laissera plus de prise.

Pour peu qu'on ait pratiqué la culture et le labourage, on doit être convaincu que la terre est puissamment fertilisée après six, huit, dix à douze ans de séjour de luzerne. Les plus belles récoltes en effet succèdent à ces défrichements; et, sans y mettre d'engrais pendant deux et trois ans; que de produits accumulés! de bestiaux élevés et nourris! et après tous ces avantages, une terre éminemment feconde!

Ce fourrage est si appétissant, que si on l'abandonne à discrétion aux animaux, ils en mangent à outrance.

Comme ces tiges contiennent beaucoup d'air et d'humidité, la chaleur interieure les fait dégager précipitaniment; la capacité des intestins ne peut suffire à ce dégagement, l'animal s'enfle sensiblement, il cesse de ruminer, baisse la tête, a les yeux fixés; il éprouve ce qu'on appelle la maladie du *tympanite* et des coliques venteuses.

Dès qu'on s'apperçoit que la panse se ballone, il faut se hâter de faire sortir l'animal, de provoquer sa marche; s'il lache des vents, il faut l'accélérer, et ne pas cesser si l'on voit qu'il désenfle.

Si la marche ne sert à rien, on est bien sûr que la maladie n'est pas celle dite du charbon,

il

il faut provoquer la sortie des vents, en débar-
rassant les voies excretoires, ce qu'on fait en
mettant le bras dans le fondement, en ayant
grand soin de couper les ongles et de se frotter
les mains avec de l'huile.

Si ce second moyen ne réussit pas, il faut
recourir à des bains dans la rivière, mares ou
étangs, lui jetter dessus les reins des douches
d'eau froide.

Enfin si l'animal ne reçoit pas de soulage-
ment par ces divers rémèdes, il ne faut pas hé-
siter d'enfoncer jusqu'à la panse une longue lame
de couteau dans le flanc gauche et dans le milieu de l'espace qui est entre les dernières côtes
et la hanche, à deux pouces au-dessous des
reins.

Ce moyen n'a rien d'effrayant; on met dessus un peu de beurre frais, et l'animal guérit en
peu de tems.

Il est bon, en tout état, dès qu'on s'apperçoit de la gène de l'animal, de lui mettre un
baillon avec du genèt verd, pour exciter la sa-
livation.

E

Cet excès est commun à tous les animaux, qui prennent tout-à-coup une nourriture plus substantielle qu'à l'ordinaire, aux boeufs qui mangent trop de raves, aux vaches, trop de blé-noir en fleur ou de grain en lait. Cet accident arrive très rarement, car l'instinct sert souvent mieux les animaux que nos propres soins.

Ce n'est pas à la qualité de la luzerne qu'il faut l'attribuer, mais à l'excès de ses bonnes qualités. On évitera toujours ces fâcheux accidens, en laissant faner la luzerne pendant cinq à six heures, en fauchant le matin la provision du soir, et le soir celle du matin. Je crois encore qu'on l'éviterait, en faisant boire les chevaux avant de les affourager en trèfle ou en luzerne. Si on faisait paturer sur le champ de luzerne même, on éviterait infailliblement cet accident, sur-tout si l'on avait le soin de faire manger un peu les boeufs avant que de les faire sortir de l'etable.

Je ne vous conseillerai pas néanmoins, d'après ces rares qualités d'en couvrir une grande étendue de terrain, ce serait le conseil d'un charlatan ; mais je vous invite de faire des essais

sur les divers sols que vous croirez les plus propres ; d'en semer quelques *lèzes* dans vos vergers, vos chenevieres, vos meilleures terres ;
une fois que vous en aurez reconnu les bons
effets, vous n'aurez pas bésoin d'étre excités.

Combien vous serez satisfaits, quand dès les
premiers jours du printems, vous aurez un excellent fourrage verd, pour vos vaches et jeunes
veaux, quand vous aurez trouvé en ontre qu'un
arpent de luzerne produira plus que deux arpents de vos meilleures prés.

TRÈFLE.

Le tréfle a plus d'analogie avec votre sol que
la luzerne ; il viendra bien dans tous les fonds un
peu humides, sur les terres douces et substan-
tielles, dans les vergers. La profondeur de la
terre végétale n'est pas aussi nécessaire que pour
la luzerne : il a quelques avantages sur la luzerne ; il lui est aussi inferieur sous d'autres rapports.

1. Le tréfle engraisse plutôt et plus abondamment les terres, tant parcequ'il empéche la
trop grande évaporation de la terre, que parce

qu'il laisse tomber sur le sol une plus grande quantité de feuilles, parcequ'encore ses racines, moins sèches et ligneuses que celles de la luzerne, fournissent un engrais plus réel et plus prompt.

2. Le trèfle ne dure que trois ans ; il se prête davantage aux changements de culture ; il convient, par ce la même, à un pays exploité en métairies, où malheureusement les baux sont ou verbaux ou de courte durée, où le métayer n'est pas toujours sûr de recueillir le fruit de ses peines, où le propriétaire a aussi bien des obstacles à vaincre pour déterminer son métayer à innover sa culture.

3. On fait également trois à quatre fauches ; il est aussi agréable et profitable aux bestiaux : *on en nourrit très bien les cochons.* Depuis que les Anglais ont adopté la culture du trèfle, ils en élèvent des troupeaux de 60, 80 et 100. Il faut seulement prendre garde de ne pas en donner aux truies quand elles sont pleines, mais après le part, il leur donne beaucoup de lait.

Quelle différence dans cette économie rurale ! Vous devriez, vous pourriez avoir dans

chaque métairie, 10, 20 à 25 cochons, parceque notre espèce est plus grosse que celle d'Angleterre; le trèfle, les navets, les pommes-de-
terre, les racines, les grenailles, nourriraient et
engraisseraient ces animaux si utiles dans les
ménages.

Il est beaucoup plus difficile à sécher que
la luzerne, ses feuilles se noircissent facilement,
parce que les tiges, aussi plus acqueuses, se des-
sèchent plus lentement. Il faut un beau tems
et des soins réiterés, pour completer la dessication et l'empécher de fermenter. Quand on
veut le faire sécher comme le foin, si les andins
ne sont pas trop épais, il faut laisser hâler le
dessus sans le faner et méler; quand le dessus
est hâlé, on le tourne dessous, on le laisse aussi
dessécher; quand il est sec, on le met, dans le
champ même, en petites meules, pouvant com-
poser 40 à 50 bottes; on laisse déborder les
feuilles, on ferait bien d'y établir un courrant
d'air avec quelques fagots; on le laisse ainsi
pendant huit à dix jours, pendant lesquels il
fermente, et comme on dit, *il jette son feu*; on
ferait même bien de le botteler sur le champ

même, ou si on le met en tas, d'interposer quelques lits de paille ou de foin, qui n'en seront que meilleurs par le goût et ramollissement qu'ils éprouvent dans le tas du trèfle.

Quand on craint les mauvais tems et qu'on veut les serrer aussitôt, il y a un moyen heureusement imaginé en 1787. Il consiste à faire, dans une grange, hangard ou grenier à foin, un lit circulaire de fagots, de bois ou d'épines, élevé d'un pied et demi, à laisser dedans quatre petits courants d'air, et placer au milieu une perche, dans laquelle sont enfilés d'autres fagots pour établir un autre courant d'air de bas en haut.

On place un lit de paille (nouvelle, s'il y en a) sur ces fagots, *sur cette paille, un lit simple de trèfle verd*, sur *ce lit* un autre *de paille*, et ainsi de suite autant que possible. La largueur et la hauteur doivent être proportionnées à la quantité du trèfle; le point essentiel à observer, c'est de ne mettre qu'un simple lit de trèfle, c'est-à-dire, de ne faire que couvrir la paille des tiges de trèfle, de faire déborder les brins de paille pour mieux conduire l'air dans l'intérieur. On

laisse ainsi la masse entière pendant trois semaines ou un mois, le trèfle se dessèche lentement,
conserve sa couleur verte, la paille s'amollit,
prend le gout du trèfle, la meule s'affaisse sensiblement, d'environ un quart; après ce tems
on met, si on veut, ce mélange en bottes de dix
à douze livres, on les livre à la consommation
pendant l'hiver; les bêtes-à-cornes et chevaux
mangent ce fourrage avec avidité, ils ne font
aucun déchet. Par ce moyen on conserve la
bonne qualité du trèfle, et la paille devient un
bon fourrage.

Ce moyen employé par des agriculteurs estimés à été trouvé d'un grand avantage, en ce
qu'il épargne une longue main-d'oeuvre pour les
travaux du fanage.

On le sème de la même manière et dans la
même saison que la luzerne, il n'en faut pas plus
de graine; on peut cependant ensemer jusqu'à
deux livres et demie par boisselée, ou dix-huit
livres par arpent, parce qu'il y a moins d'inconvenient qu'il soit plus épais, et que dès la première année, il est bon à faucher, qu'il se perd

à la troisième, au lieu que la luzerne croît encore et augmente à cet âge là.

L'usage le plus généralement adopté de semer les trèfles et luzernes, est d'en mêler la graine avec de l'orge, de l'avoine, de la navette d'été ou du chanvre. On fait fort bien de semer plus clair ces graines que de coutume, afin de laisser plus d'air aux plantes fourrageuses. On fait ordinairement une bonne récolte, qui dédommage des premières façons et du fumier qu'on a employé; par ce moyen, on ne court aucuns risques dans les essais de semis de trèfle ou de luzerne. Il est même fortement à présumer que cette méthode est utile à ces dernieres plantes: pendant la végétation de l'orge ou avoine, la luzerne, qui a peu d'air, qui est ombragée, enfonce d'autant ses racines, elle *s'implante et se fortifie*; mise à l'air après la moisson, elle reprend sa végétation d'une manière étonnante, bientôt elle reverdit à couvrir tout le sol; le trèfle fait cet effet d'une manière encore plus abondante: ainsi, tout invite donc à faire essai de ces plantes précieuses; elles viennent également bien seules, mais il y a plus d'avantage à profiter des premiers labours et des engrais pour faire toujours une récolte.   Je sais bien qu'on a écrit contre cet usage ; les principes les plus reconnus, les pratiques les plus utiles ont leurs antagonistes : mais en agriculture, le meilleur écrit c'est l'expérience et le témoignage des cultivateurs les plus estimés dans différentes provinces.

Sainfoin.

Cette plante a des caractères différents du trèfle et de la luzerne, mais elle n'est pas moins importante dans l'ordre de la culture des terres. Le sainfoin, en verd et en sec, donne un fourrage exquis ; il donne l'embonpoint et la vigueur aux bêtes-à-cornes et aux chevaux : ces derniers peuvent résister aux fatigues de la poste même, nourris avec du sainfoin seulement.   Les coupes sont moins abondantes, elles se réduisent à deux, et quelquefois un regain.

Le sainfoin est originaire du sommet des plus hautes montagnes de la Suisse et des Vosges ; c'est au moins là qu'on l'a reconnu pour la première fois, et qu'on l'a mis en culture réglée dans les plaines. Il convient donc aux pays montagneux, pourvû que les racines puissent pénétrer, car pourvû qu'il y ait un peu de terre, il croîtra avec succès. La pénetration de ces racines est une remarque curieuse; elles divisent et percent à travers des lits de pierres qui paroissent réellement impénetrables: lorsqu'il a pu une fois enfoncer ses racines, il végète heureusement; il ne craint plus les secheresses; il conserve sa verdure, quand les autres herbes sont souffrantes et dessechées.

Il vient également bien à mi-côte, dans les plaines, pourvû que la terre soit substantielle et non humide: en quelqu'endroit que ce soit, il faut bien ameublir le terrain par des labours profonds, détruire les mauvaises herbes, et y mettre quelques engrais en terreau ou en fumier.

Il se séme aussi au printems, quand la terre est bien ressuyée et échauffée; il en faut cent vingt-cinq livres: on le sème comme le blé, à la volée. Il faut le herser plusieurs fois, avoir soin de bien couvrir les graines. On peut aussi mêler des grains avec de l'orge préférablement, dont les feuilles plus larges ombragent mieux les jeunes plants.

Ce n'est qu'à la seconde année qu'il commence à donner, et à la troisième qu'il entre dans sa force. Ce fourrage n'a pas l'inconvenient de celui du trèfle et de la luzerne, il n'excite pas de gonflements dangereux.

Il faut avoir le plus grand soin de n'y pas laisser les bêtes-à-laine et à-cornes dans les deux premières années. Beaucoup trop de montagnes sont degarnies de terre végétale ; mais il faut faire tous vos efforts pour en établir la culture par-tout où le terrein sera accessible aux labours. Avec le sainfoin on aura un fourrage délicieux, qui, par sa végétation, fertilisera un sol inculte, et retiendra la superficie de la terre que les pluies entrainent dans les ruisseaux.

Si cette plante garnissait les montagnes incultes seulement, on pourrait augmenter prodigieusement le nombre des bêtes-à-cornes qu'on élève.

L'on dira ici sur le soin ce qui a été dit pour la luzerne, ne faites pas de grands semis à de grands frais, mais essayez, sur diverses parties de votre sol, des semis d'une ou deux boisselées ou un quart d'arpent; mais *essayez bien*, préparez le terrain avec une sorte de scrupule; car il s'agit du bonheur de votre pays. Que chacun d'eux étudie bien son terrein, qu'il observe la végétation des plantes, qui peuvent avoir de l'analogie avec le sainfoin: ces observations, peut-être, pourraient en faire découvrir qu'il serait utile de mettre en prairies: ce n'est que par de telles observations que nous *jouissons du sainfoin*. Le champ de la nature est plus riche que nous ne pensons, et nous ne sommes pauvres, près de ses richesses, que parceque nous la sacrifions à la routine, à l'étude d'objets futiles, ou enfin à une coupable oisiveté.

PIMPRENELLE.

La pimprenelle aussi fait partie des prairies artificielles; elle croît très bien sur les montagnes: combien sous ce rapport ne peut-elle pas être utile! On en seme quarante à cinquante livres à l'arpent, quand on la seme seule. Je conseille de la mêler avec du ray-grafs, du sainfoin ou fromental: alors il en faut moins; le fourrage en est très sain et très appétissant.

Ray-Grass.

Le ray-grafs est une sorte d'ivraie rivace, qui fait aussi un bon fourrage; il croît sur les terres les plus légéres. Par-tout où l'avoine elle-même peut croître et mourir, on en fait une bonne fauche et un bon regain. Il peut également être semé sur les montagnes, sur les terres les plus légéres. Sous ce rapport seul, il peut donner une heureuse impulsion à l'agriculture. On le sème également au printems: il en faut douze livres à la boisselée, ou cent vingt-cinq à cent trente à l'arpent.

L'époque de la fauchaison est celle de l'herbe des prés, et demande les mêmes soins. Essayez .... essayez aussi cette plante à fourrage.

Fromental.

Le fromental ressemble à la végétation de l'avoine; plusieurs agriculteurs en vantent les qualités et les ressources sur les terrains légers, sur-tout pour faire paturer les bestiaux. Quand le terrain est bon à la luzerne, il faut la préférer; mais j'en ai vu des effets excellents dans un terrain sterile. Il faut autant de graine que de ray-graſs, et les mêmes soins pour la culture.

CHICORÉE SAUVAGE.

Plusieurs personnes, peut-être, seront étonnées de voir indiquer cette plante au nombre de celles qui forment les prairies artificielles, le mot seul pourrait peut-être même faire regarder cette pratique comme une théorie de cabinet, et diminuer la confiance que les autres plantes doivent avoir inspirée; mais on leur dira, ne niez pas…. essayez…

Des cultivateurs estimés n'avaient pas pu se défendre entièrement de ces idées, jusqu'à la publicité des avantages que donna à cette plante en 1788, Mr. Cretté de Palluel; ils essayerent pour lors d'en semer, et bientôt ils changerent de sentiments, et quelques uns d'entre eux finirent par en faire huit boisselées, n'ayant, dans le principe, commencé que par une. Voici quelle est la manière de cultiver cette plante.

Il faut faire choix d'une terre assez bonne, ayant sept à huit pouces de bon sol, lui donner un labour d'hiver et deux d'été, et y mettre dix tombereaux de terreau. On séme alors sur l'arpent, (ou huit boisselées) huit livres de chicorée sauvage, qu'il faut mêler avec quatre livres de grande pimprenelle, cinq livres de trèfle et une livre de fromental : par dessus toutes ces graines, on séme quatre vingt livres d'orge (à clair).

On fit, la même année, après avoir ainsi préparé un arpent de terre, une bonne récolte d'orge pésant quinze quintaux. Après que l'orge fut fauchée, toutes les herbes profiterent à vue d'oeil ; la chicorée dominait. L'année d'après on fit trois coupes à pleine faux, le fourrage ayant plus de deux pieds de haut. Plusieurs personnes du voisinage du cultivateur, qui fit cet essai, se rendirent chez lui pour se convaincre de son succés, et sur-tout pour le voir manger aux bestiaux.

Tous les bestiaux devorent ce fourrage ; ce mélange est pour eux un mets assaisonné à leur goût ; aussi l'a-t-on appellé *la salade*.

Quant aux effets, ils ne peuvent qu'être bons : ils ne sont peut-être pas tels qu'on les a annoncés ; mais on a remarqué que ce fourrage faisait bien aux vieux animaux fatigués, et que les autres s'en trouvaient aussi bien.

La chicorée sauvage vient bien partout; les terres et les champs en produisent naturellement: elle pousse, quand les autres plantes sont encore endormies; on peut la faucher un mois avant les autres herbes. Au mois d'Avril les bêtes sentent le besoin de l'herbe verte: dans ce mois on peut faucher la chicorée: elle n'offre des ressources qu'en verd: sa dessiccation est difficile, et laisse trop de déchèts; mais elles sont assez grandes pour s'en servir en fourrage verd. Le mélange des autres plantes fait un excellent effet qu'il est inutile d'expliquer, car l'appétit des animaux l'explique encore mieux.

On a pas encore fait assez d'attention aux bons effets *de ces mélanges*: cependant c'est, je crois, un point important à observer, sur-tout pour les bestiaux qu'on veut engraisser: il est certain qu'en changeant de tems - en - tems leur fourrage, ils mangent mieux et davantage.

Ainsi les boeufs à l'engrais mangent plus, quand on leur donne, alternativement, du foin, des raves, des marcs, des grenailles.

Ain-

Ainsi, dans un pré où les bonnes herbes, telles que le trèfle blanc, le fromental, la jacée, etc. sont mêlés, ces parties sont toujours mangées avant celles où il n'y a que l'herbe de la même espèce. Ce goût est commun à tous les animaux, et les effets méritent d'être observés par les agriculteurs.

On ne peut donc que bien faire en essayant ce fourrage, qui peut convenir à la plus grande partie des terres. Essayez, essayez .....

VESCES ET RAVES.

Les vesces et les raves * doivent tenir rang parmi les plantes, qui composent les prairies artificielles: par-tout où les plantes ci-dessus désignées ne prospéreraient pas, semez des vesces, des raves; elles vous donneront de grands moyens de nourriture pour vos bestiaux, et d'amélioration pour vos terres.

* Les Romains, les Anglais, ont fait prospérer l'agriculture par la culture des raves; ne perdons pas notre tems à discourir sur les *pourquoi* et les *comment*. Agissons, imitons-les en cela, et notre agriculture prospérera infailliblement.

Faites des prairies artificielles par-tout où le sol le permettra; ne mettez jamais votre opinion à la place de l'expérience; ne vous laiſſez jamais guider par les oui-dires, par les non-ſuccès de vos voiſins; ne jugez pas l'agriculture des autres par la votre, mais la votre par l'expérience, par des ſoins, par des peines, par une sorte d'obſtination dans les eſſays: la végétation a des variations infinies, que ſouvent nous n'apperçevons pas.

Il ne faut jamais ſe laiſſer ſéduire par la qualité apparente des terres: telle paraitra maigre, qui, dans ſes couches inférieures, aura des principes de fertilité, ou que les racines des plantes pourront développer; telle autre paraitra végétale, qui eſt froide, dénuée de sucs nourriciers; tel eſt le ſol de pluſieurs cantons, où la terre eſt noire, mais réellement infertile et ingrate. L'expérience ſeule eſt donc le meilleur des avis.

Faites beaucoup de prairies artificielles, variez les productions que vous faites rapporter à vos terres: dans cette variation eſt le meilleur ordre de culture.

On infiftera encore davantage fur l'excellence des prairies artificielles, qui dans des orages
extraordinaires, des grèles foutiennent encore
l'efperance du cultivateur, fi l'on reflechit que
quelquefois ces défaftres ne laiffent rien à ceux
qui ont fuivi, avec trop d'opiniatreté, la vieille
culture.

Variez donc beaucoup les efpèces de vos
productions; vos terres en feront moins épui-
fées, les intemperies, les orages vous feront
moins redoutables; vous fubjuguerez en quelque
forte les fleaux du ciel.

Semez donc des plantes qui *pivotent*, après
d'autres qui tracent: femez des plantes qui *reflent*
peu en terre, après d'autres qui y auront *long-*
tems refté.

Semer *du blé* après *du blé*, et encore *du blé,*
c'eft fterilifer les terres déjà peu fertiles par elles-
mêmes: c'eft les forcer en quelque forte à devenir de vaftes jachères.

VIII.
Ufage des pommes-de-terre pour les animaux.

Parmi les usages avantageux qu'on peut faire des pommes-de-terre dans l'économie rurale, il faut compter leur succès pour les animaux de tout âge et de toute espèce. Elles réussissent à cet égard par-dessus tout autre aliment, et dans le nombre des substances à suppléer les grains, ces racines doivent être regardées comme les plus nourrissantes et les moins couteuses.

Quel bénéfice pour le fermier, s'il pouvait se déterminer à consacrer annuellement à la culture des pommes-de-terre deux champs d'une étendue proportionnée, l'un aux besoins de sa famille, et l'autre à la quantité du bétail! On ne verrait plus tant de terrains inutiles ou steriles, parce qu'ils ne sont pas suffisamment fumés et bien travaillés, et l'épargne faite sur les grains aurait une destination plus utile.

Tous les animaux s'accommodent fort bien de la pomme-de-terre; elle est également à l'a-

bri de tout reproche fondé. On peut la leur
donner crue ou cuite, selon les ressources loca-
les, en observant d'y ajouter toujours du sel et
d'autres genres de nourriture; car l'usage con-
tinu d'une même espèce d'aliment n'aiguillonne
pas assez l'appétit; les mélanges plaisent à tous
les êtres. Il faut encore avoir la précaution de
les couper par morceaux, et, si on les fait cuire,
attendre qu'elles soient un peu refroidies, régler
leur quantité sur la force et la constitution de
l'animal, et sur-tout mesurer à chacun sa ration,
pour prevenir les accidens; car quel est l'aliment dont l'excès ne soit pas sujet à inconvenient.

Pour les boeufs. — Un boisseau de pommes-de-terre pésant dix-huit à vingt livres, par
jour, indépendamment du foin qu'on jette toujours dans le ratelier, épargne le fourrage et
nourrit fort bien les boeufs déstinés à la bou-
cherie; il en faut un peu moins pour les vaches,
qui alors donnent beaucoup de lait.

Pour les chevaux. — Cette nourriture les
soutient également; mais il faut la mêler avec

le fourrage, et en donner une mesure semblable à celle de l'avoine, et dès que les chevaux en ont contracté l'habitude, ils frappent du pied aussi-tôt qu'ils voient arriver le panier qui contient les pommes-de-terre.

Pour les moutons. — En leur donnant les pommes-de-terre avec les autres racines potagères, ils engraissent facilement, produisent plus de suif, sans consommer autant de fourrage.

Pour les cochons. — Rien de plus convenable à leur nourriture et aux vues qu'on a de les engraisser promptement et à peu de frais, que les pommes-de-terre; on peut conduire ces animaux, plusieurs jours de suite, dans le champ, où on les a récoltées; en fouillant la terre, ils y trouvent les tubercules qui ont échappé aux ouvriers.

Pour la volaille. — Tous les oiseaux de basse-cour peuvent être mis à l'usage des pommes-de-terre, et épargner encore sur la consommation des grains.

Pour les poissons. — Enfin, il n'y a pas jusqu'aux poissons qui ne puissent trouver leur nourriture dans les pommes-de-terre; il suffit de les leur jetter dans les étangs et les viviers par la bonde.

IX.

Lettre sur la grande augmentation du lait, lorsque les vaches sont nourries de sainfoin; extraite du Ier. Vol. des mémoires de la société d'agriculture de Bath.

Messieurs,

En parcourant la liste des prix que vous proposez, j'ai été, on ne peut plus satisfait, de voir que votre société encourageait beaucoup la culture du sainfoin. Nous avons dans ce voisinage (Essex) de très grands champs de cette excellente plante, et nous la trouvons une des plus profitables que nous puissions cultiver.

Comme ses racines pénétrent très avant dans notre sol de craie, cette plante n'est pas aussi sujette à souffrir de la sécheresse que d'autres plantes dont les fibres poussent horizontalement, et fe trouvent presque à la furface. La quantité de foin qu'elle donne, eft plus confidérable et de meilleure qualité que celui produit par aucune autre plante. Mais il y a un avantage attaché à cette plante, qui la rend fuperieure à toutes les autres; c'eft celui d'en nourrir les vaches à lait. L'augmentation prodigieufe de lait qui réfulte de cette nourriture, eft étonnante, car elle eft prés du double de celle qu'on obtient en nourriffant les vaches d'autre fourrage verd. Le lait auffi eft infiniment meilleur, et on en tire beaucoup de créme que d'aucun autre.

Je vous donne ces détails, fruit de mes obfervations confirmées par une longue expérience, et fi les fermiers en font l'effai, ils y trouveront plus leur compte qu'ils ne s'y attendent.

J'ai l'honneur etc.

votre ferviteur

J. B.

fermier de la province d'Effex.

X.

Sur les avantages de la culture du sainfoin comme fourrage pour les vaches; extrait tiré du second volume des lettres adreſſées à la ſociété d'agriculture de Bath.

L'on cultive beaucoup le sainfoin dans le Nord-Eſt d'Eſſex, et particulierement dans les environs de Saffron Walden, où le ſol eſt plein de craie. On peut s'en rapporter aux remarques suivantes; elles ſont le réſultat de l'expérience de pluſieurs années et des obſervations d'un des meilleurs cultivateurs de cette province, qui eſt intimement convaincu que de toutes les plantes à fourrage, qui viennent de l'étranger, il n'y en a pas une qui puiſſe lui étre comparée.

Le ſainfoin réuſſira toujours bien dans les terrains où ſes racines pourront pénétrer. Le ſol qui lui convient le moins, eſt celui où il ſe trouve une couche de terre glaiſe, froide, dans laquelle les fibres tendres de cette plante ne peuvent pas percer. Cette plante produira ſur un mauvais terrain trente fois plus que de l'herbe ordinaire ou du gazon ; dans les endroits où elle rencontre de la craie ou des pierres, elle pousse ses racines à travers les fentes à une grande profondeur pour chercher sa nourriture. La sécheresse du terrain est d'une plus grande considération que sa richesse pour le sainfoin, quoique le sol qui joindrait ces deux qualités, produirait des meilleures récoltes.

On le sème à la volée, mais on trouve qu'il réussit mieux en rayons, lorsque surtout le terrain a été bien ameubli par plusieurs labours, pressé par le rouleau et bien hersé. Le succés de cette plante tient beaucoup à la manière dont on en sème la graine; car il est rare qu'elle germe, si elle est enfoncée en terre seulement à un pouce; et, si on la laisse découvert, elle étendra ses racines à la surface du terrein, lesquelles seront détruites par l'air. Mars et le commencement d'Avril sont les tems les plus propres à la semer, parceque la rigueur de l'hiver, et la sécheresse de l'été, sont également contraires à ces jeunes plantes. Un boisseau de graine semée à la volée, ou la moitié de cette quantité

fi la qualité eft bonne, femée en rayons, fuffira,
pour un arpent. Les rayons doivent avoir entre
eux un intervalle de trente pouces, pour qu'on
puiffe leur donner un binage de cheval; mais
dans tout ceci la graine eft ce qu'il y a de plus important; on peut la juger aux marques fuivantes: la bourfe doit avoir une couleur claire, le
grain être péfant, d'une couleur grife ou bleu-
âtre en dehors, et lorsqu'on le coupe, fa couleur
doit être verte et fraiche en dedans. Si le grain
eft petit, racorni et d'une couleur jaune, il eft
rare qu'il germe. Lorsque les plantes peuvent
s'étendre, elles donnent une très grande quantité
d'herbe, et la graine murit au mieux.

Mais les fermiers en général, par de fauffes
idées, s'imaginant que tout terrain qui parait
fterile, eft peu profitable, les plantent fi près
les unes des autres qu'elles s'etouffent et fe nui-
fent mutuellement, et périffent fouvent en peu
d'années. Les plantes très espacées pouffent
plus avant leurs racines, fe nourriffent davantage, et on peut avec plus de facilité les nettoyer
des mauvaifes herbes. Une feule plante produit
fouvent une demi-livre de foin fec. On peut

fur un bon terrain, moyennant une culture ordinaire, faire deux récoltes de cette plante dans
un an. On ne doit pas s'attendre à avoir une
bonne récolte la premiere année, mais fi les
plantes ne font point trop épaiffes, elle augmen-
teront prodigieufement en grandeur l'année fuivante.

Il faut avoir l'attention de ne point envoyer
de bétail pâturer le premier hiver fur le champ
où il y a eu du blé, et avec lequel le fainfoin a
été femé, parceque le pied des bêtes-à-cornes
foulerait les jeunes plantes: il ne faut pas non
plus y mener de moutons l'été fuivant, parcequ'ils mangeraient le cœur des plantes, et les
empêcheraient de repouffer. Une petite quantité de cendres de favon, mife fur les plantes
pour les couvrir, ferait un fort bon effet, fi on
prenait cette précaution le premier hiver.

Si le fainfoin eft fauché exactement avant le
tems de fa fleuraison, il forme un excellent fourrage pour les bêtes-à-cornes; et fi on le fauche
de bonne heure, il donnera une feconde récolte
dans la même année. Mais fi la faifon eft plu-
vieufe, il vaut mieux le laiffer fur pied jufqu'à

ce que la fleur foit entièrement formée ; on doit porter beaucoup de foin à ce que, lorsqu'on le fait fécher, les fleurs ne tombent pas, parceque les vaches les aiment beaucoup ; en conséquence il faut plus de tems pour faire ce foin que tout autre.

Le fainfoin eft une nourriture fi bonne pour les chevaux qu'ils n'ont pas befoin d'avoine, lorsqu'on les nourrit de cette plante, quoique faifant des ouvrages pénibles pendant ce tems. Les moutons s'engraiffent auffi plus vite avec cette plante qu'avec aucune autre nourriture.

Si le tems où l'on fauche ordinairement le fainfoin, était conftamment pluvieux, il vaudroit mieux le laiffer monter en graine, qui dédommagera fuffisamment pour la perte du foin ; car on n'en retirera pas feulement un bon prix, mais encore un picotin de cette graine fera d'un auffi grand avantage pour les chevaux qu'un picotin et demi d'avoine.

Le tems le plus favorable pour la récolte du fainfoin qu'on a laiffé monter en graine, eft, lorsque la plus grande partie des bourfes eft bien remplie, que les premières fleurs épanouies mu-

riffent, et que les dernieres commencent à s'ouvrir. Beaucoup de perfonnes, en négligeant ce
foin, ont perdu une grande quantité de leur
graine en la laiffant trop murir. On devrait
toujours couper le fainfoin qu'on a laiffé montes
en graine, le foir ou le matin, parceque les ro-
fées rendent les tiges plus tendres. Si on le
fauche pendant l'ardeur du foleil, beaucoup de
graine fe perdra néceffairement, par la force
qu'on fera obligé de donner à la faux, ce qui la
fera tomber.

Un arpent de terrain très ordinaire, fi on l'a-
méliore par cette plante, fuffira pour entretenir
quatre vaches parfaitement bien depuis le premier d'Avril jusqu'à la fin du Novembre, et four-
nira en outre une affez grande quantité de foin
pour former leur principale nourriture pendant
les quatre mois fuivants.

La quantité de lait que les vaches nourries
de fainfoin donnent, eft à peu près une fois plus
confidérable que lorsqu'on les nourrit avec d'autre fourrage. Le lait eft auffi infiniment meilleur, et donne une quantité de crême beaucoup
plus confidérable. Le beurre a auffi une meil-

leure couleur et un goût plus agréable qu'aucun
autre. J'ai vu beaucoup de vaches donner douze
pintes de lait par fois qu'elles étaient traites, ce
qui arrivait deux fois, lorsqu'elles étaient nourries de fainfoin.

Si le fol où l'on a femé du fainfoin eft paffablement bon, il durera de quinze à vingt ans
dans toute fa bonté ; mais vers la fin de la fep-
tième ou huitième année, il fera néceffaire de
faire mettre fur le champ une légère couche de
fumier bien pourri, ou de marne fi le fol eft très
léger et fablonneux. Par ces moyens on redon-
nera aux plantes une nouvelle vigueur, et on
s'affurera pour longtems de fort bonnes récoltes
dont le produit augmentera prodigieusement.
De tout ceci on peut conclure qu'un fermier ne
peut pas faire choix pour un mauvais terrein
d'une plante qui lui affure de plus grands avantages.

Le trèfle n'eft que pendant deux ans en plein
rapport, et, fouvent, lorsque le fol eft froid et
humide, la moitié des plantes pourriffent, et la
feconde année on trouve dans le champ beaucoup de places nues. En outre, à raifon des

longues pluies que nous avons pendant le mois de Septembre, on perd souvent le produit de champs entiers qu'on laisse monter en graine.

Mais la quantité et l'excellente qualité de cette plante (le sainfoin), sa maturité précoce, et le grand avantage de sa longue durée, sont autant de raisons qui réduisent presque à rien les risques et les frais de culture, et qui assurent néanmoins au fermier les profits les plus considérables.

XI.

Lettre à Mr. Young sur la culture des carottes et les avantages qu'on peut en retirer; par Mr. P. Eliot de Shenstone Moss, près de Litchfield.

Monsieur,

Je suis si convaincu de la grande utilité de votre ouvrage, que je surmonte ma repugnance à écrire quelque chose qui doit devenir public pour vous faire part de quelques essais heureux que j'ai faits sur les carottes, et pour vous assurer

que

que votre opinion sur les avantages, que procure leur culture sur un sol léger, est si conforme
à celle que j'ai de l'excellence de cette racine,
que s'il ne se trouvait pas dans ma ferme de terrain, qui leur fut propre, je ferais tous les efforts imaginables, pour louer, à quelque prix
que ce fut, un petit champ pour le seul objet de
m'en procurer une quantité suffisante pour mes
écuries, d'où, excepté pour mes chevaux de selle,
je desirerais voir l'avoine entièrement bannie,
parce que selon moi, c'est le moins avantageux de
tous les grains. Lorsqu'en 1782, * je pris, à la
fête de nôtre Dame, possession de ma demeure
actuelle, je trouvai un petit morceau de terrain
d'un arpent seulement, dont le sol était assez léger, et en même tems substantiel et profond;
cette terre avait été en paturage pendant trois
ou quatre ans, et était plus remplie de chiendent **, que je n'ai vu de terre, ni m'imagine en
voir de ma vie. Je le défonçai aussitôt, et en
mis un quart en pommes-de-terre, un tiers en
pois ou autres légumes pour l'usage de la table,

* Le 25. de Mars.

** Triticum repens.

G

et le refte en turnips, après avoir légèrement
fumé le terrain; mais comme tous mes gens et
chevaux étant employés à faire les foins, et que
les pluies retarderent beaucoup ces travaux, on
ne put les femer que vers la fin de Juillet; la
récolte en conféquence fut affez médiocre, elle
fut confommée au printems par les moutons et
les veaux d'un an. Le 11. d'Avril 1783 le champ,
où il y avait eu des turnips fut labouré une fois,
et, le jour fuivant, des carottes furent femées à
la volée, ce qui couta 4 livres Sterling et demie
par arpent. Le 23. de Juin je commençai à faire
farcler; deux femmes, que j'employai à ce travail, eurent de l'occupation, l'une pendant 3
jours, et l'autre 4, ce qui, fur le pied de 6 d.
par jour chacune, fait 3 Sh. 6 d. Je fis biner
le 31. de Juillet; un homme a travaillé pendant
six jours, ce qui me couta 9 S. Après quoi nous
plantames des choux, parmi elles, en rangées
à 5 pieds d'intervalle, et à trois entre les choux.
Le 6. de Novembre je commençai à en faire la
récolte, au moyen de fourches à trois branches;
22 hommes furent employés un jour à ce travail,
il me revint, à raifon d'un Shelling 2 d. par hom-

me, à 1 L. 5 S. 8 ℔. Vous remarquerez probable-
ment, que ce dernier article monte très haut, mais
c'était parceque j'avais donné des ordres pofitifs
de ne pas laiffer le plus petit nœud de chiendent dans la terre, mais de la nettoyer parfaitement pour la récolte fuivante.   La feule opération d'arracher les carottes n'aurait pas pris la
moitié de tems, par conféquent, on ne doit
compter que la moitié de la fomme ci-deffus
pour la récolte des carottes, et l'autre moitié
doit être portée fur le compte de l'année fuivante.   Elles furent mifes dans une grange, fans
aucune efpèce de couverture; il y en avait 110
boiffeaux.   La terre, autour des choux, ayant
été bien remuée par les différentes opérations
de biner et d'arracher les carottes, les fit fi prodigieufement groffir, qu'un que je coupai et pé-
fai moi même fe trouva être de 20 ℔ et $\frac{3}{4}$; il y
en avait beaucoup d'autres dans le champ, qui
étaient plus péfants, de manière que d'après un
calcul moyen, je peux affurer qu'ils péfaient 14
℔; ce que je crois encore au deffous de leur
péfanteur réelle.   Je trouvai qu'ils furent d'une
grande utilité pour nourrir mes veaux d'un an,

car les froids longs et rigoureux de cet hiver avaient entièrement gâté mes turnips. J'ai éa prouvé encore, le dernier hiver, l'utilité d'un arpent de choux, qui ont fervi à nourrir mes bêtes à l'engrais, et mes jeunes vaches d'un an, dans un tems où la gelée m'empêchait de tirer mes turnips de terre. Vous conviendrez fans doute avec moi, qu'un peu plus d'un tiers d'arpent, produifant 110 boiffeaux de carottes, outre des choux, péfant, d'après un calcul, au moins 14 ℔; vous conviendrez fans doute, dis-je, qu'un fi petit espace de terrein, donnant un tel produit fans aucun fumier quelconque, excepté celui qui était laiffé par les bestiaux qui avaient paturé les turnips sur le champ, doit être un motif fuffifant d'encouragement pour chaque fermier à continuer la culture d'une fi excellente racine. Je me flatte que le recit que je vais faire de la manière de les employer, ajoûtera quelque force à mon opinion.

Je commençai le 17. de Novembre à m'en servir (les ayant d'abord lavées avec un balet de bouleau dans un baquet d'eau, et les ayant coupées en trois morceaux, au moyen d'une machi-

ne très simple, qui coupe avec autant de cou-
teaux et d'un seul coup) pour un attelage de quatre beaux chevaux très forts, sur le pied de 15
boisseaux par semaine pour tous les quatre, ce
qui, avec leur quantité ordinaire de foin, et pas
un seul grain d'avoine, les tint dans le meilleur
état, avec le poil très luisant; et l'on va voir,
par un extrait de mon journal, qu'on ne diminua
rien de leur travail ordinaire pendant cinq semaines qu'ils furent nourris de carottes: ils al-
laient 4 fois par semaine, et par de mauvais chemins, à cinq milles anglais et demi de distance,
chercher du charbon dans des chariots; ils ont
été 8 jours à quelques uns de mes champs, éloignés de 4 milles, où ils portaient dans des tombereaux, pendant tout le jour, un mélange de
chaux, de terre et de fumier, d'un bout du champ
à l'autre, et revenaient à la maison tous les soirs;
ils ont porté, pendant trois jours, du gravier dans
les allées de mon jardin; ils ont labouré, pendant trois jours, à une double charrue (au moyen
de laquelle mes quatre chevaux tournent deux
arpents par jour, sans avoir besoin d'un second
garçon de charrue); ils ont été employés pen-

dant les 12 autres jours à porter du fumier dans un champ qui se trouve au haut d'une montagne assez roide.

D'après tout ce que je viens de rapporter, j'avais toute raison d'être satisfait de mon essai, et de rejetter tout doute à l'égard de leur efficacité à tenir la place de l'avoine pour les chevaux de charrette; mais n'étant pas entièrement content de cette assurance, je me déterminai à faire un nouvel essai, et à les donner à mes chevaux de voiture, parcequ'on suppose généralement qu'elles sont d'une nature trop peu substantielle pour des chevaux qui sont menés vite. Il faut que d'abord je vous observe qu'il est peu de personnes, qui menent leurs chevaux plus vite ou même aussi vite que moi; je leur donne toujours un picotin d'avoine par jour, ce qui, avec beaucoup de bon soin, les tient dans le meilleur état. Je continuai en conséquence à donner à l'un d'eux 7 picotins d'avoine par semaine, et je fis donner à l'autre 14 picotins de carottes, mais sans un grain d'avoine, et après que les carottes furent finies, et que pendant tout le tems qu'elles avaient duré, ils avaient également

travaillé, je trouvai que le cheval qui avait eu
des carottes, était en meilleur état, que son poil
était plus luisant, et qu'à tous égards il avait
infiniment meilleure apparence que l'autre, quoique cependant celui-ci fut aussi en fort bon état.
J'en donnai aussi mélées avec de l'avoine à parties égales à un de mes chevaux de chasse (un
vieux cheval de race) pour adoucir son poil, qui
était très rude, et je trouvai qu'elles réussirent
parfaitement bien sous tous les rapports, et qu'il
les préfera sur le champ à l'avoine; quoique
lorsqu'il avait été en train de faire des courses,
il avait été accoutumé à la nourriture la plus
délicate. Je n'ai pas encore eu une assez grande
quantité de carottes pour pouvoir en donner à
mes bêtes-à-cornes ou à mes moutons. L'année
passée je semai trois arpents en carottes, mais
mon jardinier m'ayant persuadé d'envoyer chercher de la graine à Londres (ce qui ne me couta
pour 14 ℔ que la modique somme de 2 guinées),
je fus frustré de ma récolte par la mauvaise qualité de la graine, qui ne germa pas; aussi pour
l'avenir je me propose de n'avoir recours qu'à
ma propre graine. Le peu de carottes que je

recoltai, l'année dernière, sur un autre terrain, ne souffrirent aucunement des gelées longues et rigoureuses qu'il fit, quoiqu'elles fussent mises sans aucune couverture dans une grande chambre, dont les fenêtres n'étaient pas même fermées, car il y n'y avait que des barreaux. Je ne peux pas m'empêcher de dire que je diffère essentiellement de Mr. Carter, dans le calcul de la valeur de cette racine; l'état suivant des dépenses comparatives de nourrir les chevaux de carottes ou d'avoine, ne laissera rien à désirer sur cet article important.

Avoine.

	S.	ß
Un picotin par jour, à 16 S. la quarte *, fait par semaine . . .	3	6
Vingt livres de foin, par jour, à 2 S. le quintal, font	2	6
	6	0

Carottes.

	S.	ß
Deux picotins par jour, à 4¼ ß le boisseau, font par semaine . .	1	3¼
La même quantité de foin que ci-dessus	2	6
	3	9¼

* La quarte fait 8 boisseaux d'Angleterre.

On voit que la balance en faveur des carottes est par cheval de 2¼ ℔ par femaine = 8 S. 10 ℔ par femaine pour quatre, = 13 L. 5 S. pour trente femaines, que les carottes dureront : ajoutez à cela, que 210 boiffeaux d'avoine, néceffaires pour nourrir quatre chevaux, pendant le tems, et de la manière qu'il vient d'être expliqué, prendront au moins cinq arpents, pendant que 420 boiffeaux de carottes n'exigeront guéres plus qu'un arpent, et je peux même dire qu'en fumant bien, un arpent ne ferait pas néceffaire, car on a fouvent recolté 700 boiffeaux de carottes fur un auffi petit espace ; confequemment le fermier aura quatre arpents dont il pourra difpofer d'une manière plus avantageufe qu'en y femant de l'avoine.

Si les détails que je viens de vous donner, font dignes d'occuper une place dans les annales d'agriculture, et que vous les jugiez capables de contribuer, en quelque chofe, au fuccès de la louable entreprife que vous avez formée, j'en éprouverai le plaifir le plus fincere, et m'eftimerai toujours heureux de vous faire part de femblables effais, qui peuvent coopérer à don-

ner de nouvelles idées fur un art, dans la pratique duquel, je l'avoue, je ne fuis encore que
novice; mais convaincu que la culture adoptée
par les fermiers de mon voisinage, peut admettre de grands dégres d'amélioration, je me fuis
efforcé de les encourager par la force de l'exemple, et de les conduire ainfi á un fyftème d'agriculture plus élèvé, et confequemment plus avantageux, mais le tems feul m'apprendra jusqu'à
quel point je réussirai, ou réellement jusqu'à
quel point de vieux routiniers peuvent écouter
les confeils de quelqu'un, fi peu capable, au
moins dans leur opinion, de les diriger: néanmoins je perfevererai, et quoique j'ai été tourné
en ridicule par la majorité, qui eft ici, comme
dans toutes les fociétés, efclave de la coutume,
je me regarde comme amplement recompenfé
par le fuffrage du petit nombre de ceux qui ofent
penfer et agir par eux-mêmes. Je ne fuis pas
même fans efpérances que le fuccès répété des
tentatives pour introduire de telles améliorations, n'ouvre à la fin leurs yeux, et ne les engage à me fuivre dans les changements qui m'
ont été avantageux, et je ferai fort aife, que dans

ceux où je n'aurai pas réuffi, de pouvoir fervir
de guide à ceux qui ne pourraient fupporter
une perte pécuniaire auffi bien que moi. Tel
eft mon défir le plus ardent, et le but que je
me propofe dans mon agriculture. Hic labor,
hoc opus etc.

Je fuis très parfaitement

MONSIEUR,
Votre très humble serviteur
le 14. Octobre 1785.

F. P. ELLIOT.

Je fuis on ne peut plus fatisfait, de pouvoir
communiquer au public des détails auffi intéref-
fants que ceux-ci. Les points douteux en agriculture font ceux, qui exigent plus particulierement l'attention de ceux qui pratiquent cet art
d'après les vrais principes, et c'eft avec raifon
que l'on cómpte parmi les objets fur lesquels on
défire le plus d'être inftruit, la valeur exacte de
toutes les jachéres ou plantes à fourrage boni-
fiant le terrain, et qu'on ne peut néanmoins déterminer que par de nombreuses expériences,
faites avec intelligence. Quelle honte n'eft - ce

pas pour les cultivateurs, que la valeur même des turnips foit à préfent à peine mieux établie qu'il y a cent ans!

A. YOUNG.

XII.

Obfervations tirées du voyage agronomique de Mr. Wight en Ecoffe, et des annales de Mr. Young, qui fervent à prouver les avantages qu'on peut fe procurer par la culture des carottes , lorsqu'on emploie cette racine comme le fond de la nourri- ture des chevaux, animaux domesti- ques, etc.

Mr. Jeffray, intendant du Comte de Selkirk, donne les détails fuivants fur la culture et l'emploi des carottes. Je préparai le terrain comme il eft d'ufage de faire pour les choux et les navets. Je fis mettre quarante charrettées de fumier bien pourri par arpent; je labourai trois fois, et plantai mes carottes en doubles rangées, c'eft-à-dire deux racines l'une près de l'autre,

avec un pied de distance entre ces doubles rangées. Je les semai la première semaine d'Avril,
je les binai et ensuite les fit sarcler à la main;
je ne les tire de terre qu'à mesure qu'on en a
bésoin pour l'usage, et j'ai remarqué qu'elles
souffraient très rarement des gelées, et qu'elles
se conservaient très bien jusqu'à la fin d'Avril.
Je les ai employées à la nourriture des chevaux,
des bestiaux, des moutons et des cochons, tous
les animaux les aiment, même les oies et toutes
sortes de volaille les mangent avec avidité, mais
la manière la plus avantageuse d'en tirer parti
est de les donner aux chevaux. C'est la seule
racine que je connoisse, qui, donnée aux chevaux, puisse entièrement tenir lieu d'avoine.
J'ai été dans l'usage, au lieu de donner deux rations d'avoine, de donner par jour, à mes chevaux de labour, une ration de carottes et une
ration d'avoine, et j'ai remarqué qu'ils s'en trouvaient très bien; cependant pour observer comment les carottes leur réussiraient sans avoine,
je donne, depuis quelques années, à un certain
nombre de mes chevaux, depuis le mois de De-
cembre jusqu'au milieu du mois de Mai, au lieu

d'avoine, feulement des carottes avec la même quantité de foin que je donne aux autres chevaux ; ils recevaient régulièrement leur ration de carottes, quand les autres avaient leur ration d'avoine ; ces chevaux labouraient et tiraient tous les jours, et pendant tout le printems ils travaillaient de 9 à 10 heures par jour ; ils fe font tenues en meilleur état que les autres, et leur poil était plus luifante, et après avoir été un mois au verd, ils étaient les chevaux les plus gras de la ferme. J'ai péfé les carottes, et ai trouvé qu'une ration pour un cheval allait à 3o ℔, et chaque cheval recevait cette quantité deux fois par jour jusqu'à la fin de Mars ; à cette époque jusqu'au quinze de Mai, qu'on les menait pâturer dans la prairie, on leur donnait par jour trois de ces rations. Enfin elles font une excellente nourriture pour des beftiaux de toute espèce, elles améliorent beaucoup le terrein, et font très profitables pour le fermier. Les panais étaient très inférieurs en poids et beaucoup moins profitables. Mr. Hall a essayé de nourrir fes chevaux de labour avec des carottes au lieu d'avoine. Mr. Dundas, qui ne donne à fes chevaux que des carottes, trouve que pour nourrir les chevaux, le produit d'un arpent de carottes va aussi loin que 180 boisseaux d'avoine. Mr. Drummelzier, dont la ferme est de 1200 arpents, nourrit tous ses chevaux de labour avec des carottes au lieu d'avoine. Telle est l'instruction qu'on tire de cet ouvrage de Mr. Wight, touchant les avantages que procure cette excellente racine. Mr. Young ajoute: „je n'avais pas besoin de nouvelles preuves pour me convaincre de l'excellence des carottes, car depuis 1787 je nourris six chevaux de labour uniquement de carottes, et ils travaillaient tous les jours aussi bien que dans les années précédentes, où ils avaient de l'avoine."

Mr. Young a été à Sutton, ferme de Mr. Gerard, où on lui a donné les détails suivants: Qu'on ne labourait qu'une seule fois pour les carottes, mais qu'on faisait les sillons les plus profonds possibles, et que chaque charrue était tirée par trois chevaux forts. Vers la fin de Mars il sème à la volée 5 ℔ de graine de carottes par arpent; il commence à les sarcler vers la Pentecôte, et pendant l'été on les sarcle trois fois.

Il a trouvé que fur un arpent de bon terrain, dix
charrettées n'étaient qu'une récolte médiocre
(chaque charrettée contenait 40 boiffeaux de
carottes après que les feuilles en avaient été
coupées). Il m'a dit qu'une fois il avait eu 20
charrettées d'un arpent. Quand j'ai vu, cette
année, fon champ de 10 arpents, les farcleurs
préfumaient qu'il donnerait de 6 à 7 charretées
par arpent, et le champ ne m'a paru qu'à moitié
bien couvert. L'année paffée, Mr. Gerard avait
17 arpents en carottes, qui pris en totalité, don-
nerent 9 charrettées par arpent. Il vendit 100
charrettées de ses meilleures racines à Londres,
et en garda 63 pour nourrir fes chevaux; il en
confomma deux charrettées par femaine pour
fix chevaux, il les méla avec beaucoup de menues pailles, mais fans avoine, et, il trouva, qu'
ainfi nourris, il ne leur fallait que très peu de
foin; fes chevaux ne font jamais en auffi bon état
que lorsqu'ils font nourris de carottes, et ils travaillent parfaitement bien; il trouve que cette
nourriture eft la meilleure qu'on puiffe donner
aux chevaux de charrette, mais qu'elle ne convient pas aux chevaux de felle qu'on méne très

vite.

vite. Il commence à donner des carottes à ſes chevaux avant Noel, et il continue quelquefois jusqu'a la Pentecôte; il fait la récolte de ſes carottes de bonne heure, et les conſerve dans des maiſons, pour avoir le terrain nettoyé pour les ſemailles d'orge. Après la récolte des carottes il ſème des pois on de l'orge, et tous deux réusſiſſent bien. Le champ de carottes que j'ai vu, était un ſable très léger. La rotation de ſes récoltes eſt pour la première année carottes, 2me année, orge, 3me année trèfle et reygraſs qui dure deux ou trois ans, 4me année pois plantés, 5me année ſeigle. Après cela, Mr. Young alla à Shottisham, où il vit un champ de carottes de 8 arpents en très bon état; on y ſème 5 ℔ de graine de carottes par arpent après deux labours, et on les ſarcle trois fois; le produit moyen par arpent eſt de 10 charrettées de 40 boiſſeaux chacne. Au commencement de l'hiver où on ne trouve pas que les carottes ſoient auſſi bonnes qu'au printems, on donne à ſix chevaux une charrettée de carottes par ſemaine avec de l'avoine. Au printems on leur donne deux charrettées de carottes et point d'avoine. Quand

H

ils sont nourris d'avoine seule, ils ne sont jamais
en aussi bon état que quand ils sont aux carottes. Quand on leur donne des carottes et de
l'avoine ensemble, ils laissent l'avoine pour manger les carottes. Jusqu'au mois de Mars on leur
donne de la paille, après ce tems du foin, mais
ils en mangent très peu, pourvû qu'on leur donne une quantité suffisante de menue paille, mélée avec les carottes; on lave les carottes et les
coupe en morceaux; quand on ne leur donne
que des carottes, mélées avec de la menue paille,
sans avoine ou foin, ils deviennent gras à lard.
Il m'a assuré que cette province ne pourrait pas
subsister sans la culture des carottes, parcequ'on
n'avait pas assez de foin pour nourrir les chevaux,
si l'avoine était leur nourriture comme dans les
autres pays.

Mr. Linn a trouvé un profit considérable à
engraisser avec des carottes ses bestiaux pour
le marché, pendant l'hiver et le printems derniers. Plusieurs autres de ses voisins ont suivi
son exemple, et en sont très contents. On remarque qu'après les carottes, on a une excellente récolte d'orge, mais il ne faut pas semer

les carottes fur des terrains où il y a beaucoup
de mauvaifes herbes, car alors le farclage devient trop difficile.   Mr. Grofs m'à affuré qu'il
donnait à chacun de fes chevaux un boiffeau de
carottes par jour, mélées avec de la menue paille,
mais point d'avoine; que fes chevaux préfe-
raient les carottes à l'avoine, et que cette nourriture épargne plus que la moitié de leur ration
de foin; qu'il a même vu des chevaux, qui,
nourris de cette racine, refufaient entièrement
le foin.

XIII.

*Extrait du IIme Vol. des annales d' Young, pag.
291 tiré de fon voyage agronomique dans la
province de Suffex.*

Horsham eft très célèbre pour fes chapons; on
les y engraiffe en quantité, et à un dégré de
perfection inconnu ailleurs.   Très communement ils péfent 9 ℔, et vont fouvent jufqu'a 11
℔; on les nourrit de farine d'orge, de lait et de

graiſſe de cuiſine, ou de quelque autre ſubſtance graſſe; mais pour atteindre le dernier dégré de perfection dans la fineſſe de la chair, les engraisseurs leur donnent de la melaſſe qu'ils tirent des raſineries de ſucre.

XIV.

Manière de conserver les pommes-de-terre contre les gelées : extrait d'une lettre de Mr. Beevior de la province de Norfolk adreſſée à M. A. Young.

Quand on prend les précautions nécéſſaires, il n'est pas difficile de conſerver pendant l'hiver des carottes, choux, pommes-de-terre, pommes etc. La manière la plus certaine de conſerver les pommes-de-terre, et qu'on a pratiquée dans ce voiſinage depuis pluſieurs années, eſt de les mettre dans du ſable ſec dans la grange ou quelque autre batiment de la ferme. La methode est comme ci-après. Entourez l'intérieur du batiment de claies ou de planches, miſes à un pied de diſtance de la muraille, rempliſſez

bien les intervalles entre la muraille et les claies
de paille bien preffée; mettez une épaiffeur de
quatre pouces de fable bien fec fur le plancher,
alors mettez-y une couche de pommes-de-terre
de six pouces d'épaiffeur, et couvrez - les légèrement avec du fable.   De cette manière con-
tinuez de faire des couches de pommes-de-terre
et du fable alternativement jusqu'à ce que vous
ayez achevé le tas; obfervant toujours de couvrir le haut du tas de fable à au moins une épaiffeur de six pouces, et à la première apparence
de gelée ajoutez-y une couverture de paille,
épaiffe au moins de deux pieds.   Quiconque fe
donnera la peine de fuivre cette méthode, n'a
rien à craindre pour le fort de fa récolte, quelque févère que l'hiver foit d'ailleurs. Les choux
d'Ecosse et ceux, appellés *Drum head Cabbages*
ou choux-à-tête plate, refiftent à la gelée en
grande partie, mais pas entiérement; malgré
cela, j'ai toujours été d'avis, que pour toutes
fortes de raifons, on devait les confommer de
bonne heure en hiver, si on peut, même avant
Noel, car en les confervant plus longtems, on
perd leurs grandes feuilles larges qui périffent

toutes infailliblement à la première gelée. Depuis l'introduction des choux-navets, appellés
Kohlrüben, je me suis fortement attaché à leur
culture, et je suis décidemment d'avis qu'un fermier ne peut pas être parfait dans son système,
sans consacrer une partie de son terrain à
cette excellente racine. Leur propriété utile,
même inestimable pour la nourriture des bestiaux
dans l'intervalle critique qui a lieu entre la fin
de la provision des navets, et le moment où les
prairies artificielles commencent à être en état
de donner de la nourriture aux animaux, a été
depuis long-tems le sujet de mes observations et
l'objet de ma conviction. Le résultat de l'expérience de ce dernier hiver démontre de la manière la plus évidente la grande utilité de cette
racine, car parmi les grands dégats qu'il y a eu
parmi les autres racines, celle-ci a bravé l'hiver
le plus rigoureux sans avoir aucunement souf-
fert, et est à présent aussi fraiche et aussi succu-
lente, qu'elle était avant le commencement des
gelées.

XV.

Méthode ufitée par Mr. Forby pour préferver les ca-
rottes et les pommes-de-terre contre la gelée, extraite
des annales d'Young, Vol. II. p. 328.

Peu de tems après la St. Michel, quand la faifon
eft féche, je fais la récolte de mes carottes, en
les levant hors de terre avec une fourche à fumier ordinaire, et je les mets en tas de la manière suivante dans un coin du champ où elles
ont été femées. Je fais lever un peu de terre,
environ six pouces au-deffus du niveau du
champ, à peu près deux pieds et demi de large,
et foixante ou trente pieds de long felon la quantité de carottes que l'on aura à conferver; je fais
mettre fur ce terrein une couche légère de paille
féche, puis je fais placer de chaque côté une
rangée de carottes avec leurs feuilles, tournées
au dehors, de forte que les queues des carottes
d'un côté fe trouvent placées au-deffus de celles
de l'autre; on coupe les feuilles des petites carottes, et on les place au milieu des deux ran-

gées, pour que mettant plus de poids fur le centre, elles empêchent les carottes des deux côtés
de fe féparer; fur chaque couche de deux ou
trois carottes de profondeur, je fais placer un
peu de paille féche; je continue ainsi de les
élever jusqu'à la hauteur de quatre pieds; alors
je fais foigneufement couvrir leurs feuilles avec
de la paille féche, et je fais couvrir le tout avec
des rofeaux en guife de chaume. Alors je fais
commencer un autre tas parallele au premier,
laissant feulement affez d'espace, pour qu'une
perfonne puiffe marcher entre les tas; je continue ainsi jusqu'à ce que toutes mes carottes
foient placées; enfuite je fais remplir les allées
du milieu avec de la paille feche, et garnir les
deux côtés extérieurs de bottes de paille, fixées
avec des pieux, et affurées avec des claies pour
empêcher le vent d'enlever la paille et la couverture. Les carottes ainsi placées en tas font
fuffifamment à l'abri d'une gelée ordinaire; j'ai
fait usage des carottes pendant tout le tems de
la gelée et depuis, et je ne crois que, fur deux
ou trois cents boiffeaux que j'ai eus, j'ai perdu
un feul boiffeau par la gelée.

Je crois que mes pommes-de-terre se sont
encore mieux conservées que les carottes; j'ai ouvert depuis les gelées deux tas, et je n'ai pas trouvé une seule pomme-de-terre qui ait été gatée ou
pourrie. Je fais ouvrir dans la surface de la terre
un pied d'environ un pied de profondeur; sa
grandeur est proportionnée à la quantité de
pommes-de-terre que j'ai à placer; je fais élever, dans ce trou, un tas rond de pommes-de-
terre d'environ 50 à 60 boisseaux; je les couvre
alors d'un pied de paille séche; alors je jette
au dessus d'elles la terre ôtée du trou, et j'en
ajoute autant qu'il est nécessaire pour couvrir la
paille de l'épaisseur de six pouces; alors je couvre le tout de litière, de mauvaises herbes, de
feuilles de carottes, de tiges de pommes-de terre
ou de toute autre chose de cette nature, jusqu'à
l'épaisseur de 12 à 15 pouces. Depuis cinq années je conserve mes carottes et pommes-de-
terre d'après les méthodes ci-dessus, et je n'ai
éprouvé aucune perte.

Méthode ufitée par Mr. Billingsley, tirée des annales d'agriculture d'Young, Vol. II. p. 335.

J'ai remarqué que les pommes-de-terre, mises à l'abri dans des maifons, ont beaucoup fouffert, mais que celles confervées dans des foffes de la manière fuivante n'ont pas du tout fouffert. Creufez un efpace de 7 à 8 pouces de profondeur et de 4 pieds de large, mettez un peu de paille dans le fond et fur les côtés, puis placez vos racines de manière à les élever 4 pieds en hauteur, avec les deux côtés en talus. Enfuite couvrez les avec de la paille féche, et puis jettez fur elles une quantité fuffifante de terre pour couvrir les pommes-de-terre à un pied d'épaiffeur; après quoi formez une couverture de tiges de pommes-de-terre bien ferrées, et fixez - les avec des lattes de bois, de manière à empecher que la pluie ne perce. J'ai confervé cette année fans la moindre perte cinq mille facs de pommes-de-terre de cette manière, quoique la gelée ait été affez forte pour pénetrer toute la maffe de terre, mais fans avoir paffée la couverture de paille.

De cette manière on peut conferver les carottes et les pommes; il faut feulement obferver de laiffer un trou femblable à celui recom-
mandé par le Docteur Lettfon pour la confer-
vation du Mangelwurzel, pour que les pommes
ne s'echauffent pas.

Ma fucceffion ordinaire de récoltes eft

    1re année turnips, choux, pommes-de-
        terre ou carottes, femés fur
        un terrein bien fumé.

2me -   orge ou avoine,
3me -   reygrafs et tréfle blanc,
4me -   reygrafs et tréfle blanc,
5me -   froment.

Manière ufitée par le Colonel Goate pour conferver les
pommes-de-terre, tirée des annales d'Young,
Vol. II. p. 619.

J'ai confervé une récolte confidérable de
pommes-de-terre dans des foffes de 9 pieds de
long, fur 4 de large et 5 de profondeur dans un
terrein léger, en les environnant de paille, et
mettant une couche de terre très épaiffe au deffus. Cette méthode eft très fuivie dans les en-

virons de Londres, et je defirerais qu'elle fut connue et pratiquée dans tout le royaume.

Méthode de Mr. Beevor pour préferver les pommes-de-terre de la gelé, Vol. II. p. 638.

Elle confifte à les mettre dans du fable par couches alternativement, couvertes par deffus et de côté avec des bottes de paille; le tout dans une maifon.

XVI.

Obfervations fur la culture de la carotte, tirées d'une lettre écrite par Mr. Onley à Mr. A. Young, et inférée par lui dans le XIII. Vol. de fes annales d'agriculture.

MONSIEUR,

Plufieurs gentils-hommes continuent de cultiver les carottes avec le plus grand fuccès, et trouvent leur compte à les donner aux daims, aux vaches, aux moutons et chevaux, auffi bien qu' aux cochons, ce qui les prépare très bien pour

être engraissés ensuite avec des pois secs. Je
tiens ces racines dans un bâtiment fait exprès,
et quand on en retire pour les donner à mes
chevaux, on les lave légèrement pour en ôter
la terre. Le produit a été ordinairement depuis 400 jusqu'à 700 boisseaux par arpent. Les
400 boisseaux avaient été produits après une récolte de froment ou d'orge, et les 700 boisseaux
succédaient à une autre récolte de carottes;
mais le produit le plus extraordinaire était sur
un arpent et demi d'un terrain léger sur un fond
graveleux, affermé à un journalier du voisinage;
il en avait tiré tant de récoltes de grains de suite
qu'il était devenu trop rempli de mauvaises herbes pour en produire une autre récolte: en conséquence il l'a labouré pour y semer des turnips,
sans autre engrais que celui qu'il s'était procuré
en brulant les mauvaises herbes. Sa récolte de
turnips fut bonne, et fut consommée sur le terrain par ses moutons. D'après mon avis, il sema
des carottes, comme étant le moyen le plus sûr
de remettre son champ en bon état; ce qui suit
est un calcul exact de son profit après avoir dé-
duit le prix énorme auquel il porte son travail.

1240 boisseaux de carottes, ven-
dues à 6 d. par boisseau, sont   L. S. 31   0   0
à déduire   .   .   .   14   9   8
à quoi il porte ses frais de labour,
de semence et de hersage, de
sarclages et de récoltes; reste
un profit clair de   .   16   10   4

Ce produit l'a engagé à semer encore des carottes sur ce terrain cette année-ci.

XVII.

Lettre sur la culture des carottes, par Mr. Onley à Mr. Young, et insérée dans ses annales.

MONSIEUR,

Comme j'ai déja eu l'honneur de vous écrire sur le même sujet, il serait peut-être nécéssaire que je fisse mon apologie, mais comme un de mes voisins respectables a commencé, qu'un autre a continué la culture des carottes, et que beaucoup d'autres, tentés par le succès de ces

cultivateurs, sont sur le point d'essayer des avantages de cette racine, j'espere que vous m'excu-
serez, car toute preuve subsequente doit enga-
ger à des essais plus étendus, en confirmant par
un état du produit actuel, les assertions avancées sur le précédent. Mr. Nottidge de Bocking
a semé sur une terre à orge, de bonne qualité,
après une récolte d'avoine, et un seul labour,
sans fumier, trois arpents et demie en carottes;
il lui a fallu 10 ℔ de graine par arpent, elles ont
été sarclées trois fois, et recoltées en Octobre,
mises sur le champ en petits tas de 12 boisseaux
chacun, sur le terrain même, et les feuilles et
les queues coupées et jettées sur elles; après
avoir resté un mois dans cet état, on les trans-
porta parfaitement seches sous un appentis, et
leur produit de 2200 boisseaux a été employé
à nourrir des boeufs, qu'on avait le projet de
mettre sur les prairies l'annee suivante, ainsi
que ses chevaux de voiture et de selle, sur le
pied d'un boisseau par jour, et sans un grain d'a-
voine aux chevaux, quoique l'un d'eux suivit
deux fois par semaine une meute de chiens. Mr.
Gainsborough, à sa ferme de Notley, prés de

Braintree, recolta fur quatre arpents de terrain,
d'une qualité à peu près femblable, quoique un
peu plus neuve, avec les mêmes façons et la
même quantité de graine, fans engrais (ayant eu
l'anne précédente une extraordinairement bonne récolte de carottes fur le même terrain, qui
avait été depuis longtems en paturage) 2900
boiffeaux de carottes, qu'il avait fait farcler une
fois complettement, et enfuite houer légérement
trois fois, à méfure que les mauvaifes herbes revenaient, tous ces frais n'allerent pas au delà
de 30 Sh. pour tout le champ; après les avoir
fait mettre en différents tas pour les fecher, il
les fit transporter dans fa grange, où on les en-
taffa jufqu'au moment où l'on s'en fervit pour
les bestiaux. Douze boeufs achetés dans le
mois d'Octobre ont été engraissés avec une ration de 26 boisseaux de carottes et 50 ℔ de foin
par femaine pour eux tous. Dans leur comparaifon avec les turnips, les carottes ont un avantage comme trois à un; car quatre arpents de
turnips n'engraifferaient pas plus de quatre bêtes pareilles (il eft vrai que cette terre eft neuve
et par confequent le produit grand); cependant

fur

sur un terrein labouré et produisant des récoltes d'après une rotation ordinaire, Mr. Gainsborough est perfuadé que les carottes auront
fur les turnips un avantage au moins d'un tiers.
Les carottes que j'ai femées, étaient fur un chaume de froment, que je fis labourer légèrement
une fois pour enfouir le chaume; après quoi
on le laboura plus profondement une seconde
fois; ensuite je femai 10 ℔ de graine de carottes
par arpent, qui furent houées trois fois, et au
mois de Novembre, je récoltai 600 boifseaux
par arpent; elles furent mifes en differents tas
dans le champ, couvertes feulement des feuilles
et des queues, qui avaient été coupées, lorsqu'on les arracha, et à mefure qu'on en avait
befoin, on les porta à la maifon pour l'usage de
mes vaches et de mes chevaux, et jusqu'à ce
moment, (qui eft la fin de mois de Mars) elles
fe font parfaitement bien confervées. Si on pouvait fe fier à cette méthode de les conferver pendant l'hiver, et je crois qu'on pourrait le faire,
fi les carottes étaient levées par un beau tems,
avant le commencement des gelées, les avantages de cette racine feraient par là très augmen-

tés. Mes chevaux, qui ont toujours bien travaillé, ont eu par jour un boiſſeau de carottes chacun depuis plus de trois mois ſans un grain d'a-
voine. Cette économie pourra peut-être paraitre petite, ſi on conſidére un picotin d'avoine,
coutant six ſous, comme étant une nourriture
équivalente à un boiſſeau de carottes au même
prix. Mais ſi l'on réflechit que le produit moyen
d'un arpent eſt de 160 picotins d'avoine, pendant
que le produit moyen d'un arpent de carottes eſt
de 500 boiſſeaux, le terrain donnant la dernière
de ces recoltes, produit plus que trois fois autant de nourriture pour les animaux que le premier qui eſt ſemé en avoine. Ceci eſt d'une
grande importance pour les fermiers, et en
outre les carottes préparent mieux le terrain
pour les récoltes ſuivantes. Je crois que les
carottes, par la profondeur à laquelle elles a-
meubliſſent le ſol, cherchant leur nourriture
bien au deſſous de la profondeur où pénétrent
les racines d'aucunes eſpéces de blé, doivent
avoir un avantage auſſi décidé ſur les turnips
comme récolte préparatoire, qu'elles l'ont en
péſanteur ; en prenant un picotin de chacune

de ces racines coupées, les carottes se trouvaient plus péfantes que les turnips de quatre
livres par boiffeau. Quand les carottes, après
avoir été gardées long tems, font très deffechées,
elles fe retréciffent beaucoup, et deviennent
moins bonnes pour les vaches à lait, mais plus
profitables pour les beftiaux qu'on engraiffe, et
décidemment telles pour les chevaux. Quelques
perfonnes ont allegué contre les carottes, que
les chevaux s'attachent tellement à cette racine,
qu'il eft difficile de leur faire reprendre l'usage
du foin et de l'avoine. Voyant que la volaille
et tous les animaux d'une ferme profperent tellement par cette racine, il faut que le propriétaire d'un terrain convenable à fa culture, foit
bien negligant, s'il n'effaye pas de s'en procurer.

XVIII.

Lettre sur la culture des carottes, adreſſée à Mr. A.
Young, par Mr. Onley.

MONSIEUR,

Sachant que Mr. Gainsborough avait, depuis
quelques années, cultivé des carottes sur sa
ferme, je me mis donner la fête, il n'y a pas
long-tems, d'aller lui faire une visite, et je
vous envoye les réponſes que j'ai reçues de ce
fermier intelligent aux queſtions que je lui avais
faites à ce ſujet. Il y a déja deux ans qu'il cultive des carottes, et à present il ſait labourer,
pour une troisième récolte, un champ qui avait
été en paturage depuis sept années, et auquel
il ne ſait donner qu'un seul labour, bien profond; le sol, en quelques parties, est graveleux,
en d'autres humide, riche et friable. Il seme
ses carottes au mois de Mars, et il employa
10 ℔ par arpent, la quantité de carottes qu'il
récolte, eſt de 6oo à 7oo boiſſeaux par arpent;
14oo boiſſeaux ont été récoltés ſur une partie

d'un champ de six arpents et demi, et aprés qu'elles eurent été mises en tas sur le champ pour sécher pendant quelques semaines, on les porta sous un appentis et on les couvrit de paille, et à présent elles y sont encore parfaitement conservées, et on les garde pour les donner aux bestiaux, quand toutes les autres carottes seront finies; elles sont beaucoup plus fermes et plus nourrissantes que celles qu'il fait arracher à présent, et que toutes celles qu'il a faites arracher depuis l'hîver. Six jeunes bœufs, aprés avoir paturé, tout l'été, dans les champs, ont été mis à l'étable vers le milieu de Novembre, et ont reçu, chacun par jour, deux boisseaux de carottes, un boisseau de farine de feves avec un peu de foin et de paille hachée, et ayant été engraissés ainsi, il les a vendus à Londres, au mois de Janvier; il en a douze autres qui furent achetés trop tard en Automne, pour pouvoir profiter de l'herbe, qui reçoivent la même nourriture et dans la même quantité que les premiers, et qui se trouvent maintenant en etat d'être vendus. Il conjecture qu'un arpent de carottes, en considerant la quantité et la

qualité, vaut bien deux arpents de turnips ou
de choux, de quelles plantes cependant il
cultive une petite quantité. L'année passée,
il sema de l'orge sur le terrein, où il avait eu
des carottes, et dont le produit fut de 40 boisseaux par arpent, et qui a excédé de quatre
boisseaux par arpent l'orge, qui avait été sé-
mée sur une partie du même champ, qui avait
été semé l'année précédente en pois au lieu de carottes; il n'a pas encore essayé sur sa ferme, si
les carottes viendraient aussi bien sur les terres
labourées d'après une rotation ordinaire de
récoltes qu'elles viennent sur des anciens paturages. Il trouve que les carottes laissent le
terrein dans un beaucoup meilleur état pour
être labouré au printems que les turnips, et il
regarde les feuilles et les queues, qui sont lais-
sées sur le champ, comme un excellent engrais;
Mr. Gainsborough ayant tant de bœufs à nourrir
n'en avait pas à donner à ses chevaux, malgré
le gout qu'ils montraient pour cette nourriture;
il engraisse 9 jeunes bœufs avec des graines
qui viennent des brasseries, et du son; les graines sont conservées dans de grands tonneaux,

et les bestiaux semblent les préférer; quand
elles ont été ainsi enfermées au moins pour 15
jours; il donne à chacune de ces bêtes 5 picotins par jour, et il m'a dit qu'il peut conserver
les graines pendant fort long-tems, en couvrant
les tonneaux avec de la terre glaise. Les carottes outre les autres avantages qu'elles ont sur
les choux et les turnips, ont aussi celui de pouvoir être conservées en terre jusqu'à une saison plus avancée, et de s'ameliorer même après
qu'elles ont été arrachées, et tout consideré,
cette racine est très précieuse, etant très
productive, durable, nourrissante et applicable
à la nourriture de toutes espéces d'animaux.
Ce 16 Fevrier.

C. ONLEY.

XIX.

Note sur les avantages de la culture des carottes.

Mr. Woodbine, fermier de la province de
Norfolk, a eu, en 1779, un champ de 5 arpents
cultivé en carottes; au mois d'Octobre il les fit

arracher, et couper les feuilles et les queues
à la manière accoutumée, et les fit mettre en
tas pour les conserver. Le 12 Octobre, il fit
enfermer 30 cochons qui étaient déja en bon
état, et qui étaient-à peu-prés égaux en poids
et en grandeur, voulant faire l'expérience de ne
les nourrir que de carottes seules, et de voir
combien ils gagnaient en poids dans un tems
donné; il fit péser un de ces cochons, qui pésa
huit *stones*, de 14 ℔. *le stone*, et après qu'il eut
été nourri pendant quinze jours avec des carottes seulement, il le repesa et trouva qu'il avait
augmenté de trois *stones* et 1 ℔. Il les vendit alors
au boucher de Londres; après quoi, il mit 40
autres cochons à l'engrais; ils furent nourris
de pois secs, mélés de carottes, ce qui rendit
la chair plus ferme, et qu'il recommandera
comme une nourriture préférable aux carottes
seules, malgré qu'il eut lieu d'etre parfaitement
satisfait de sa première expérience.

Note sur les carottes par Mr. Mordaunt.

Je trouve que l'usage des carottes est préférable aux choux et aux pommes - de - terre pour
les vaches - à - lait, malgré que ces deux dernieres plantes soient excellentes pour engraisser.
Je trouve que mes chevaux préférent les carottes à l'avoine.   Je cultive quelques arpents
de carottes tous les ans d'après la rotation suivante.

1ère année . . pommes - de - terre,
2eme —— . . carottes,
3eme —— . . orge,
4eme —— . . trèfle,
5eme —— . . froment.

XX.

Lettre de Mr. Onley sur les carottes, adressée à Mr.
A. Young.

MONSIEUR,

Ayant été deux fois, depuis peu, chez Mr.
Gainsborough, pour apprendre le succès de sa

dernière récolte de carottes, je prends la liberté
de vous écrire encore à ce sujet, puisque chaque
nouvel essai confirme les avantages de la culture
de ce légume; son champ était de 4 arpents
de prairies, d'un sol riche et friable, et les carottes furent semées, après qu'il eut fait donner
un labour très profond; elles furent arrachées
en Octobre, et leur quantité monta à 3463 boisseaux, ce qui fait 865 boisseaux par arpent,
avec un surplus de trois boisseaux, ce qui en les
calculant au prix de 6 ℊ par boisseau, fait monter la valeur à 21 L. Sterling, 12 shellings, 6
sols, ou en totalité 86 L. St. 11 S. 6 ℊ. toute
cette quantité a été mise en tas dans une grange
et couverte de paille. Quinze bœufs sont à
l'engrais avec les carottes, et reçoivent chacun
deux boisseaux par jour, avec l'addition de très
peu de foin mis dans leur ratelier le soir. Mr.
Andrews remarque que les carottes servent à
donner au fumier une qualité infiniment supérieure, ce qui tend à tenir la ferme dans l'etat
de culture la plus productive. Après ceci, je ne
peux rien de plus en faveur des carottes, que
de faire la simple demande, quel autre légume

sur quatre arpents du plus riche terrein en-
graisserait aussi certainement pour le moins
15 bœufs, ou est egalement applicable à l'entre-
tien de 15 autres animaux de toute espéce.
L'orge que Mr. Gainsborough a semée sur le
terrein où il avait eu des carottes l'année avant
a produit 44 boiffeaux de grain par arpent.
Un des voisins de Mr. Gainsborough, qui est
auffi un fermier très considerable, est si content de cet éssai de carottes qu'il est décidé
d'en cultiver tous les ans, d'après une rotation
ordinaire de récoltes.   D'après cet exemple en
grand, il pourrait paraitre minutieux de citer
une très petite expérience que j'ai faite.   Mon
terrein n'etait que d'un et demi arpent beché,
et cultivé comme un jardin ; je semai 7 ℔. de
graine, et les carottes furent houées trois fois.
Le produit eft de 482 boisseaux, ce qui en
comptant le boiffeau à 6 ℈ fait la valeur de
12 L. St. 1 S. La portion de carottes que j'ai
donnée à mes chevaux avait les feuilles et les
queues coupées, et puis on les a lavées, mais
celles que j'ai données à mes vaches, etant lé-
gerement frottées, quand elles étaient féches,

n'avaient pas besoin d'autre préparation, et étaient mangées en totalité. Un boisseau par jour étant donné à une vache médiocre, qui a fait un veau, il y a trois mois, avec aucune autre nourriture que de la bonne paille d'avoine, produit à présent seize pintes de lait par jour, dont on fait par semaine 5 ℔. de beurre de la plus belle qualité. Après tous ces éssais, je recommande fortement à tous les fermiers ce légume, comme etant le produit le plus profitable et le plus commode qu'on puisse se procurer sur une certaine portion de terrein.
Ce 4. Janvier.

C. ONLEY.

XXI.

Eau de vie de carottes; par Mr. Hornby d'York, avec des notes de Mr. A. Young.

MONSIEUR,

Pour pouvoir déterminer la quantité d'esprit vineux, qu'on peut obtenir d'une certaine quantité de carottes, je fis l'experience suivante.

Le 18 Octobre, 1787. je pris une tonne et
huit stones de carottes, qui après avoir été exposées pendant quelques jours pour sécher,
pesaient 160 stones, et mesurées 42 boisseaux,
ce qui fait à-peu-pres 4 stones par boisseau.
Après avoir été lavées, et qu'on en eut coupé
les feuilles et les queues, elles perdirent en
poids onze stones et en mesure 16 boisseaux ;
toute la quantité de carottes ayant été coupée,
je mis un tiers de la quantité dans un vaisseau
de cuivre avec 24 gallons d'eau, et après les
avoir bien fermées, on alluma un feu au dessous, qui au bout de trois heures reduisit le tout
en marmelade. Les deux autres tiers furent
traités de la même manière, et on ôta la marmelade de la bouloire, qu'on porta ensuite au
pressoir, où le jus fut exprimé très facilement ;
la liqueur obtenue par ces trois cuissons monta
à 200 gallons, elle avait un gout très doux,
ressemblant à celui du moût de bière, et on la
remit alors dans la bouloire avec une livre de
houblon, et au bout de trois quarts d'heure, la
liqueur commença à fermenter ; on la laissa
bouillir pendant environ cinq heures, et on la

mit ensuite dans un autre vaisseau pour refroidir; on l'y laissa jusqu' à ce que sa chaleur
descendit à 66 dégrés du thermometre de Fahren-
heits, de ce vase où elle avait été mise pour
refroidir, on la versa dans une grande cuve,
ou l'on mit un gallon et demi de levure d'après
la manière accoutumée; elle continua à travailler pendant 48 heures, pendant quel tems la
chaleur diminua par dégrés, ce qui est le contraire des autres liqueurs pendant leur fermentation; à cette époque la chaleur etait diminuée
jusqu' à 58 dégrés. Après cela je fis bouiller
douze gallons de jus, qui n'avait pas fermenté,
et l'ayant ajouté à cette liqueur, la chaleur
remonta à 66 dégrés; elle travailla de nouveau
pendant 24 heures; la chaleur de la liqueur
baissant comme auparavant, de 66 à 58 dégrés;
après quoi on enferma toute la liqueur dans
quatre demi tonneaux, où elle continua à fermenter par la bonde pendant quatre jours. Pendant le progrès de la fermentation, l'air de la
brasserie etait de 44 à 46 dégrés de chaleur,
et comme la liqueur dans la cuve paraissait
perdre sa chaleur d'heure en heure au lieu de

l'augmenter, je jugeai prudent d'entretenir un feu pendant tout le tems de la fermentation. Aprés que la liqueur eut resté trois jours dans les tonneaux, elle fut versée dans l'alembic, dont on tira 5o gallons; l'esprit fut rectifié le lendemain, fans que rien y fut ajouté, et douze gallons d'esprit furent obtenus. Le rebut des carottes pésait 48 stones, auxquelles ayant ajouté les feuilles et les queues fournirent une nourriture pour les cochons, qui felon moi était d'une bien meilleure qualité que celle qui est obtenue des graines des distillateurs; à ceci on doit ajouter la liqueur restée dans l'alembic, qui était de 114 gallons. De cette manière le rebut d'un arpent de carottes surpasse confiderablement celui d'un arpent d'orge, ce qui est un objet éssentiel pour ceux qui engraissent des cochons. *) La distillation du jus de carottes peut être regardée comme un avantage général, parce que cette racine fournit une matière de

---

*) Il serait intéréssant de savoir, si cette liqueur et le rebut des carottes ne valent pas mieux pour engraisser les cochons que les carottes crues.

A. Young.

(144)

plus aux diftillateurs, par l'ufage de laquelle
on peut épargner beaucoup d'orge et de froment.
D'après mon experience, un arpent de carottes
(produifant 20 tones *) donneront 240 gallons
d'efprit égal à celui de la bouteille que je vous
envoïe **). Ceci eft infiniment plus qu'on ne
pourrait obtenir de 40 boiffeaux d'orge, que
je confidére comme le produit moyen d'un arpent, j'eftime le montant du produit d'un arpent
de carottes à 10 L. St., et les frais de la fermentation et de la disillation à 15 L. St. de plus, de
forte qu'estimant l'efprit à 3 Sh. 6 d. par gallon,
le profit montera à 17 L. St. par arpent, à être
partagées entre le fermier et le diftillateur, fans
compter ce qui eft produit par le rebut des carottes, ce qui dans de grandes diftilleries fait
une partie confidérable du profit.
York 1 Janvier 1788.

F. Hornby.

*) Un arpent d'un produit ordinaire de carottes ne
doit pas être porté si haut; quelquefois on peut
faire une aussi bonne récolte fur un terrein très fertile, mais rarement; le produit ordinaire est de 10,
12. jusqu' à 14 tonnes par arpent.
A. Young.

**) L'esprit envoyé a été examiné et trouvé parfait.
A. Young.

XXII.

Observations sur les carottes, et autres détails sur l'a-
griculture; par Mr. Mouron de Calais, ami et cor-
respondant de Mr. Toung avec quelques notes
de ce dernier.

———

Les carottes font excellentes pour la nourriture
de l'homme, et encore meilleures pour les bêtes-
à-cornes; les carottes font encore très avanta-
geuses par leur produit; elles exigent un fol léger, labouré profondement, bien ameubli et fumé; elles doivent être femées pendant les mois
de Mars, Avril ou Mai. On peut manger les
premieres pendant l'été; en ayant l'attention de
les éclaircir où elles font trop épaiffes, afin-
que celles qui reftent puiffent devenir plus groffes. Avant de femer la graine, on doit bien
la frotter dans les mains avec des cendres de
bois ou de tourbe, pour la feparer et par là augmenter la quantité, puisque par là le femeur fera
plus en état de la repandre plus également fur
la terre. Après quoi, on doit herfer le champ,
et y paffer le rouleau. Quand elles fortent de

terre, et qu'on s'apperçoit que les jets se difpo-
fent à monter trop, on doit y paffer le rouleau;
ce qu'il faut repeter chaque fois que les jets re-
commencent à monter. Cette operation eft néceffaire pour faire groffir la racine, et d'empecher une trop grande végétation dans les jets.
On ne peut affez les applatir fur la terre, et par
là il n'y a pas de risque de faire de tort à la
plante. *) On la récolte en automne, lorsque
les feuilles commencent à fe faner. On coupe
les tiges fi près de la racine qu'il ne refte point
de verd, afin de les empêcher de germer; après
quoi on les met dans du fable très fec pour les

*) Avant que de faire cette opération en grand, je
   conseille de l'essayer sur un petit espace de terrein. Cela ne parait pas fondé en pratique, parce
   que les plantes font ordinairement proportionées
   dans leurs differentes parties. La grandeur des
   jets est le résultat de la santé des plantes, qui pourraient être déteriorées en applatissant les tiges et
   les feuilles qui reçoivent beaucoup de leur nourriture
   de l'air. Je crains aussi qu'en passant le rouleau dessus les plantes, elles seront tellement entortillées
   avec les mauvaises herbes, que le houage devient
   très difficile; mais il est très remarquable que Mr.
   Mouron ne fasse pas mention du houage, sans lequel
   les carottes ne donneront jamais une belle récolte.

préferver contre les gelées, et d'où on les tire, felon que l'on en a befoin pendant l'hiver ou le printems. Elles font, coupées en morceaux, excellentes pour engraisser les bœufs et les moutons, et données aux vaches, elles augmentent beaucoup leur lait. Les fermiers en Angleterre nourriffent leurs chevaux avec des carottes et des féves broyées.

XXIII.

Lettre fur les carottes, adreffée à Mr. A. Young par Mr. Onley.

MONSIEUR,

J'aurais du, avant ce tems-ci vous avoir envoyé quelques détails fur la culture des carottes, qui gagne beaucoup dans ce voifinage. Dans quelques endroits où on en avait femé fur de vieux paturages ou aprés une récolte de pois, on a eu jufqu'à 500 boiffeaux par arpent; on en a donné avec beaucoup de fuceés aux bœufs, vaches, moutons et daims auffi bien qu'aux chevaux.

Les rations données par Mr. Birch de Boxwell
près de Chelmsford a été d'un boisseau comble
par jour à une petite geniffe qu'il engraiffait,
de trois boiffeaux aux trois vaches et deux boiffeaux à vingt moutons. Ma récolte, qui était
de 5oo boiffeaux par arpent fur un chaume de
froment, a été appliquée comme de coutume,
à la nourriture de mes vaches-à-lait, et a produit la crème la plus riche, et le meilleur beurre
que j'ai jamais gouté. Une partie des carottes,
tant de celles qui étaient dans des caves que de
celles qui avaient été laiffées en tas dans les
champs, ont fouffert par la gelée, mais les dernières beaucoup moins. Mes carottes étaient
mises en tas de dix boiffeaux chacun, élevés fort
haut avec les plus petites bafes poffibles, couvertes des feuilles et des queues qu'on avait coupées; à mefure qu'on avait employé quelques-
uns des tas, on en portait les feuilles et les
queues fur les autres tas comme un furcroît de
couverture. Il faut ajouter que, dans ma laiterie, chaque fois qu'on va faire du beurre, on
preffe au travers d'un linge autant de carottes
qu'il eff néceffaire pour produire une demie

pinte de jus, qu'on mêle avec la crême qu'il faut pour faire 8 ou 10 lb. de beurre. Ceci ajoute à la qualité et à la couleur du beurre d'hiver. Nous trouvons qu'il contribue à dissiper le mauvais gout communiqué au beurre par la nourriture des navets, surtout quand on donne un peu de foin aux vaches. À préfent que nous n'avons plus affez de carottes pour nourrir nos vaches, nous leur donnons des navets et du foin, et, avec le fecours de ce jus, notre beurre eft égal à celui des meilleures laiteries d'Epping.

Ce 11 Mars 1789.

XXIV.

Lettre à Mr. A. Young fur l'ufage des carottes, etc. par Mr. Harvey de la province de Worcefter.

MONSIEUR,

Comme vous engagez très fouvent vos lecteurs à vous communiquer leurs obfervations et leurs effais, je vais vous faire part des miens, fans

recourir néanmoins à la voye ordinaire de l'a-
pologie.

L'objet, dont je vais vous occuper, concerne
l'emploi des carottes et des choux pour les va-
ches-a-lait pendant l'hiver ; cette nourriture eft
très bonne pour se procurer beaucoup de beurre, article dans lequel nous avons le bonheur
d'exceller. Je crois que ma méthode eft affez
fingulière, et c'eft ce qui m'engage d'autant plus
(parce qu'elle a eu du fuccès) à vous la communiquer. Je l'ai effayée en grand pendant deux
hivers, mais le peu d'experience que j'ai, me
fait préfumer, que les choux feuls communique-
raient un gout désagréable au lait et au beurre.

Je nourris de jeunes vaches-à-lait, et donne
à chacune d'elles au moins un demi-picotin de
carottes, qu'on met le foir dans leur mangeoire,
lorsqu'on les attache pour les traire, ensuite elles reçoivent un peu de foin, et reftent attachées
jusqu'au lendemain qu'on leur donne la même
quantité de carottes, qu'on les trait et les fait
fortir. Enfuite on met du foin dans les crèches,
et, vers les dix ou onze heures, on met dans
leurs mangeoires autant de demi boisseau de

choux qu'il y a de vaches, puis du foin encore, et deux ou trois heures après, on leur donne encore la même ration de choux qu'auparavant. On leur donne des racines et des choux en entier, et toujours du foin.

Comme il y a une fontaine dans ma cour, je ne fais jamais sortir mes vaches pour aller à l'abreuvoir.

J'ai à-peu-près autant de lait que lorsque les vaches sont à l'herbe, mais beaucoup plus de crème et de beurre, qui est d'une belle couleur, dont le gout est bon, et qui se conserve plus longtems que tout autre beurre.

Lorsque les choux sont un peu gatés par le froid, ou que le lait et la crème sont gelés, de manière qu'on peut le remarquer au gout et à la couleur du beurre, et que je n'ai pas de carottes pour augmenter la nourriture de mes vaches, je fais ratisser autant de grosses carottes crues que j'ai de vaches, et le jus en est exprimé dans le battoir avec la crème, ce qui produit presque un aussi bon effet que d'ajouter à la nourriture des vaches.

Mes veaux d'un mois font toujours gras, et leur chair est d'une belle couleur.

Les vaches, tenues ainsi qu'il vient d'être rapporté, sont toujours en bon état, et ne perdent ni leur lait, ni ne diminuent en chair, lorsqu'on les met à l'herbe pour toute nourriture, et, étant gardées tout l'hiver dans la cour, font beaucoup de fumier, parceque j'ai toujours soin d'y repandre de la paille et du chaume en abondance.

Le terrein sur lequel j'ai semé mes carottes, est des plus sabloneux que j'aye, mais mon sol n'est pas assez léger pour avoir une récolte de carottes trés abondante, mais elles sont fort grosses. Mon orge, l'année passée, était aussi bonne qu'après une récolte de turnips, sur un terrein bien sumé, et le trèfle est bien plus épais, ce que j'attribue au profond labour donné pour les carottes, qui a porté au-dessus du champ beaucoup d'excellent terreau, auquel jusqu'alors la charrue n'avait pas touché, en suivant l'usage ordinaire de labourer.

L'orge, que j'ai pour le moment sur le terrein, où j'avais semé des carottes, est la plus belle du voisinage, et les récoltes que j'ai tirées d'un terrein fort où j'avais planté des choux, étaient très bonnes, et la terre se trouvait très ameublie. Je suis bien persuadé que si mon terrain était assez sabloneux, je pourrais cultiver avec succès des carottes pour en nourrir des chevaux, et qu'elles suffiraient pour l'attelage d'une ferme, sans avoir besoin de leur donner aucune espèce de grain.

Je suis avec la plus parfaite considération,

MONSIEUR,

Votre lecteur assidu etc.

J. HARVEY.

XXIV.

Extrait tiré de l'apperçu général de l'agriculture de Lancaster, fait par ordre de la société d'agriculture d'Angleterre.

POMMES-DE-TERRE.

La province de Lancaster a été la première dans ce royaume, où l'on ait cultivé la pomme-de-terre, et comme elle a encore droit, même à présent, de se glorifier d'une culture supérieure dans cet article important, dans lequel elle n'a point de rivales, il sera nécessaire d'entrer dans quelques particularités à l'égard des méthodes en usage pour se procurer une bonne récolte. Il serait avantageux d'avoir une pelouze ou une nouvelle prairie, mais on ne peut pas toujours l'obtenir. On a souvent eu de bonnes récoltes de terrains épuisés. Après que le terrain a été, par des labours, nettoyé de mauvaises herbes, on peut y planter en Avril, si à cette époque le terrain est préparé, les pommes-de terre en sillons *), environ à 3 pieds de distance, et les

---

*) Je suis convaincu que cette méthode de planter les pommes-de-terre précoces ou tardives, n'est pas si productive que celle de les planter sur des planches de 5 pieds de large, et de les couvrir, lorsque la pointe commence à paroître, avec de la terre prise de l'intervalle entre les planches. Voila quelle est la pratique générale dans le voisinage de Frodsham, en Cheshire, où les cultivateurs de cette inestimable racine ont essayé toutes sortes de méthodes depuis plusieurs années, et on accorde generalement qu' ils se procurent une meilleure récolte sur un même terrain que les autres agriculteurs du royaume.

plantes *) dans chaque rangée, feparées par un
efpace de 9 à 12 pouces, doivent être plantées
fur de long fumier de baffe-cour etc. Le fumier
des grandes villes produit un effet merveilleux
fur des terrains qui n'y ont pas été accontumés,
et en général, l'on croit qu'il enrichit deux fois
plus la terre, et avec un effet égal que l'engrais
pris de la baffe-cour; on a l'expérience de ceci
dans les cantons qui bordent les canaux, qui en
facilitent le transport.   La grande quantité de
grains et les différentes efpèces de nourriture
qu'on donne aux beftiaux qu'on entretient dans
les villes, doivent coopérer à rendre la qualité
du fumier meilleure, ce qui dépend beaucoup

*) L'inspectur a fait differentes expériences sur la
   meilleure manière de couper les pommes de terre,
   car si on plante cette racine en entier, la putréfac-
   tion ne s'en suit pas toujours, et une coupure d'une
   grosseur considérable est, jusqu' à un certain dégré,
   meilleure qu'une petite.   La meilleure manière qu'il
   ait découvert, est de couper les extrémités supérieu-
   res et inférieures de la pomme de terre, et de
   laisser tout le milieu de cette racine pour planter.
   La méthode la plus mauvaise de couper les pommes
   de terre est de les couper à travers de haut en bas,
   pratique qui n'est que trop commune.

de ce que mangent les bestiaux de même que
les hommes.

2. Quoique le mois d'Avril soit la saison la
plus favorable à la plantation des pommes-de-
terre pour la table, parce que ce légume exige
un certain tems pour acquerir le dégré de maturité, qui le rend parfaitement farineux; on en
plante néanmoins aussi tard que le mois de Mai
ou même de Juin, et on obtient malgré cela de
bonnes récoltes, mais les pommes-de-terre ne
font pas d'une qualité aussi parfaite que celles
qui ont été plantées plus de bonne heure.

3. La crainte des gelées (par lesquelles, si
les jeunes tiges en étaient atteintes et flétriraient
bientôt, le laboureur se verrait frustré de ses
espérances) engage à ne pas planter de bonne
heure, mais de bons agriculteurs courent la
chance des gelées pour obtenir une meilleure
qualité.

4. On a soin de les nettoyer des mauvaises
herbes par le moyen de la charrue, d'abord en
tirant un sillon, laissé à cet effet, contre les jeunes plantes aussitôt qu'elles paroissent, et ensuite en relabourant le même sillon, pour l'éloi-

gner de la rangée, lequel est, après quelquefois
herfé, lorsqu'il est bien falé, avec une petite
herfe triangulaire, qui paffe entre chaque rangée de plantes. Après que les mauvaifes herbes ont été arrachées de cette manière, on re-
forme le fillon, et quelquefois on paffe la même
charrue ou une à deux mains encore une fois
dans chaque rangée; outre la deftruction des
mauvaifes herbes, le fol eft, par ces diverfes
opérations, ameubli, expofé au foleil et à l'air,
ce qui contribue beaucoup à une bonne récolte.

5. Il y a différentes efpèces de pommes-de-
terre; celle appellée l'Oxnoble, et la Cluster
potatoe ne font plantées que pour les beftiaux *); le Pink-eye et plufieurs autres ainfi

*) L'infpecteur a eu occafion de voir le produit d'une
récolte de pommes-de-terre, appellées *Clufter*, qui
fe trouvait encore fur la furface du champ, appartenant au Colonel Mordaunt. Lui et un intelligent
fermier trouvaient qu'ils n'avaient pas encore vu une
récolte fi abondante, et cependant ils apprirent qu'on
n'avait pas employé de fumier.

La *Clufter* ou pomme-de terre de Suffolk (comme
elle eft appellée par Mr. Howard, qui, le premier
a fait connaître cette efpèce) était cultivée dans cette
province depuis 25 ans au moyen des plantes qu'il

que différentes fortes de Kindney pour la table. Le viel hiver rouge, comme cette efpéce
eft quelquefois appellée, mérite d'être particulièrement cité pour fa bonté au printems, et
lorsque les autres ont perdu leur faveur, c'eft
alors que cette pomme-de-terre eft dans fon
meilleur tems; elle a encore une autre qualité,
celle de n'être jamais fujette au raccorniffement.

Il y a auffi une grande varieté de pommes-
de-terre précoces, et l'on donne beaucoup d'attention à s'en procurer de nouvelles fortes des
meilleures qualités par le moyen de la femence
des baies, qui fe trouvent au bout des tiges. Mr.
Green obferve que, d'après plufieurs experiences, il a trouvé que la pomme-de-terre aqueufe
(dont il y a de grandes variétés) a été bien loin
de répondre aux efpérances qu'on s'était faites;
qu'il a plufieurs fois, autant par néceffité que
par expérience, donné l'Ox-noble à des va-

a données à la fociété des arts et du commerce.
Voyez les mémoires de cette fociété, Vol. X. On
l'a propagée depuis par le moyen de la femence, e
quoiqu'elle ait gagné par là en groffeur, elle conferve néanmoins la couleur rouge et le gout fucré.

ches-à-lait, après les espèces les plus farineuses, comme le Pink-eye, en conséquence de quoi, la diminution du lait et du beurre a été sensible dans très peu de tems, et que ces animaux eux-mêmes paraissaient mécontents de ce change-ment.

6. Il faut avoir grand soin de changer la se-mence de tems en tems pour prévenir le rac-cornissement *). L'usage où l'on était, il y a quel-ques années, de faire venir d'Ecosse, de la nou-velle semence, n'est plus aussi fréquent, parce qu'on a trouvé qu'il était généralement suffisant

*) L'inspecteur a eu l'honneur de recevoir, en 1789, un prix de la société des arts et du commerce, à l'occasion d'une lettre qu'il a écrite sur la méthode usitée en Lancashire pour prévenir le raccornisse-ment. Il a le plaisir d'observer que le fait paraît être confirmé par l'opinion générale et par la pratique de la province, car dans toute son inspection, il n'a pas vu une seule pomme-de-terre qui fut attaquée de cette maladie, et les récoltes étaient généralement belles. Cette idée a été portée plus loin par Mr. Wright, jardinier de Mr. Fazakerley, de Prescot, qui a fait porter plusieurs plantes d'une espèce rare, qui avaient été attaquées de cette maladie, dans des terrains marécageux, et il espère que ce changement opérera pour elles une cure efficace.

de changer la femence des pommes-de-terre, produites sur des montagnes marécageuses, et vice verfa. Il ferait bon auffi de changer quelquefois de terrain, mais cela n'eft pas toujours praticable, et l'on a obtenu, pendant plufieurs années, de fort bonnes récoltes fur le même terrain.

7. Le produit d'une récolte tient ordinairement un milieu entre deux et trois cents boisseaux *) par arpent d'Angleterre. Les pommes-de-terre précoces font ordinairement plantées fur des planches en rangées, feparées d'environ 8 pouces les unes des autres, et les plantes n'ayant entre elles qu'un intervalle de 4 à 5 pouces, parce que les pommes-de-terre précoces, étant plus petites, n'exigent pas un auffi grand efpace; mais les prix avantageux que l'on obtient, au marché, de cette racine, dédommagent amplement le cultivateur **), qui, outre le

*) Par un boiffeau de pommes-de-terre, on entend généralement une mefure de 90 Livres avant qu'elles foyent nettoyées.

**) Mr. Ecclefton mena l'infpecteur fur un morceau de terrain de 30 perches (à 8 verges la perche) dont les pommes-de-terre qui y avaient été récoltées, s'étaient

|ven-

profit qu'il tire de cette récolte précoce, a son
champ préparé pour une seconde dans la même
année. Mr. Waring, homme d'affaires du Comte
de Derby, a donné au Major Atherton les détails suivants sur le produit d'un arpent d'un
terrain médiocre.   En 1793. 700 boisseaux de
pink-eyes; en 1794. 92 boisseaux de froment,
pesant soixante dix livres le boisseau, vendu sur
pied de 7 sh. 6 ℔ le boisseau; vendu trois mois
plus tard, il aurait valu 5 sh. de plus par boisseau.
Mr. Waring dit, que le produit de ces récoltes
était égal à la valeur intrinsèque de la terre; il
est persuadé, que si on avait marné ce terrain,
il aurait produit 20 boisseaux de froment de
plus.

Dans quelques endroits on plante dans le terrain, dont on a déja tiré une récolte, les pommes-
de-terre précoces que l'on doit, après les avoir
récoltées vers Novembre, couper sur le champ
en morceaux qu'on conserve dans de la menue

vendues 30 L. en 1793. Après quoi il avait tiré de
ce terrain une récolte de turnips qui à 6 d. le boisseau ont donné 50 L. par arpent, ce qui suppose une
récolte de 2000 boisseaux. Le même terrain était
destiné à produire du froment.

paille d'avoine ou de la sciure de bois, où elles
restent jusques en Mars, quand on les plante,
après avoir cassé un jet, en y en laissant néanmoins un d'une longueur suffisante pour paraitre
au dessus de la terre dans l'espace d'une semaine.

Mais la méthode la plus approuvée est de
couper les plantes, et de les mettre sur un plancher d'une chambre, où l'on peut introduire un
fort courant d'air à volonté. Il ne faut pas
qu'elles soient mises trop épaisses les unes sur
les autres, le mieux est qu'il n'y en ait que deux
placées de cette manière, qu'il faut recouvrir
de deux pouces environ avec de la menue paille
d'avoine ou de la sciure de bois; ceci les met à
l'abri des gelées de l'hiver, les tient dans une
chaleur moderée, et les fait végéter, mais en
même tems elles admettent de l'air pour fortifier leurs jets, ce à quoi les cultivateurs réussissent en ouvrant les portes et les fenêtres, toutes
les fois qu'un tems doux le permet. Ils les exa-
minent souvent, et lorsque les jets ont la longueur d'un pouce et demi ou de deux, ils ôtent
avec soin une moitié de ce qui les couvre avec

un rateau de bois ou avec les mains, en ayant
la plus grande attention de ne pas offenſer ou
rompre leurs jets. Le jour eſt auſſi néceſſaire
que l'air pour les fortifier; à cet égard une oran-
gerie a l'avantage d'une chambre, mais une
chambre eſt fort bonne, pourvu qu'elle ait une
grande fenêtre ou deux, et encore mieux, ſi
elle eſt expoſée au ſoleil; elles reſtent de cette
manière juſqu'au moment où on les plante, ayant
toujours ſoin de leur donner autant d'air que
poſſible par les portes et les fenêtres, quand
toutes fois, cela ſe peut faire, ſans avoir à craindre la gelée. Par cette méthode les jets deviennent verds par le bout, il ſe forme des feuilles
qui ſont paſſablement fortes, alors on les plante
en rangées, ſelon la méthode accoutumée, avec
un plantoir, et on referme ſoigneuſement avec
un rateau les trous formés par le plantoir, et
au moyen de cette méthode, elles ſont en état
de ſupporter ſans danger de petites gelées.

La pomme-de-terre la plus précoce eſt la
ſuperfine blanche Kidney *). L'on a

L 2

*) La pomme-de-terre précoce eſt une eſpèce diffé-
rente, dont il y a de grandes variétés.

tiré de cette efpèce quatre récoltes du même
fond, ayant des plantes prêtes dans le repofi-
toire pour les fubftituer fur le champ à la place
de celles qu'on arrachait, et l'on retire quelquefois, dans une année, du même terrain, une
cinquième récolte de laitue d'hiver transplan-
tée.   On doit avoir le foin de couvrir les premieres pommes-de-terre plantées au printems
avec quelque chofe qui les protége contre les
nuits froides.

Cette excellente méthode a été communi-
quée par Mr. J. Blundell d'Ormskirk, et n'a été
pratiquée comme jusqu'à présent que d'un très
petit nombre de fermiers.

8. La manière de faire la récolte varie; on
fe fert ordinairement de la fourche à trois branches, on tourne la terre par fon moyen et arrache les mauvaifes herbes, et on ramaffe les
pommes-de-terre, et la même perfonne les fé-
pare felon leur groffeur. Une autre pratique confifte en ce qu'un homme fort prenne une pioche
à trois branches, (la même dont on fe fert pour
ôter le fumier des charrettes) qu'il enfonce au
deffous de chaque plante, et qu'il arrache, en

mettant les racines à découvert, qui font ramaf-
fées par deux enfans qui fuivent. Une autre
pratique eft de tirer un fillon le long des pomme-de-terre avec une charrue ordinaire, en
ôtant le foc de fer, pour lever les pommes-de-
terre qu'on ramaffe enfuite.

Après que les pommes-de-terre font ramaf-
fées et fuffisamment fechées, on les met en différents tas dans la forme du toit d'une maifon,
lequel eft couvert foigneufement avec de la
paille qui doit être placée dans toute fa longueur, et de manière à fe rapprocher en pointe
de chaque côté au haut de ce toit. Il faut qu'
elle ait 6 pouces d'épaiffeur, puis qu'elle foit couverte de terre bien preffée enfemble en la bat-
tant avec une bêche; après quoi Mr. Ecclefton
fait des trous dans la terre, fur les côtés et en
haut de ces magazins, auffi profonds que la
paille, et à environ 9 pieds de diftance pour
donner à l'air, qui fe forme néceffairement par
la fermentation, la facilité de s'echapper; après
que la fermentation a ceffé, on bouche les trous
pour prévenir les effets de la gelée ou de la
pluie.

9. L'avantage de l'application des pommes-de-terre à nourrir le bétail est suffisamment connu, mais on ne suit pas assez généralement cette pratique, parce qu'il est plus tentant de convertir sa récolte en argent, en la portant au marché, que d'acheter des bestiaux pour les engraisser ou d'augmenter le nombre de ses bêtes-à-cornes; mais de cette manière, on sacrifie une source d'amélioration pour le terrain, et conséquemment un profit supérieur par la suite.

10. D'après la grande quantité de pommes-de-terre que les bestiaux consomment, il ne sera pas inutile de faire mention de la manière de les faire bouillir etc. qui a lieu presque généralement au moyen de la vapeur qui entre dans une grande corbeille ou une cuve percée au fond et placée au dessus de l'eau bouillante. De cette manière elles sont plutot prêtes pour l'usage, qu'en les jettant dans de l'eau; après quoi on les donne aux bestiaux froides ou chaudes, mêlées avec des menues pailles (*Spreu*), du son, de la graine de foin, de l'orge ou de la farine d'avoine.

La méthode de faire bouillir les pommes-de-terre à la vapeur d'eau, a été adoptée par quelques perfonnes pour l'ufage de la cuifine, penfant que, par ce procédé, elles doivent prendre moins d'eau que lorsqu'on les y plonge entiérement, mais leur mife dans l'eau, leur fait rendre une certaine matiére, ce que la vapeur ne peut pas opérer, et qui en la conservant, ôte beaucoup du gout de la pomme-de-terre. Le journalier entend parfaitement ce genre de cuifine: après avoir verfé l'eau, il fait évaporer l'humidité en replaçant far le feu le chaudron dans lequel les pommes-de-terre ont bouilli. Les pommes-de-terre ne peuvent pas être mifes dans un chaudron d'eau bouillante comme les autres légumes. Si l'Amérique, d'où cette excellente racine nous a été importée, n'avait payé les recherches des Européens que par la découverte de ce légume, la génération préfente aurait raifon d'être reconnoiffante de cette acquifition, et envers les cultivateurs de Lancashire, de l'attention foignée qu'ils ont portée à perfectionner fa culture.

LE MARAIS DE RAINFORD.

Mr. Chorley de Prescot ayant pris une partie du marais de Rainford, appartenant au Comte de Derby, à un bail de la durée de trois vies, moyennant 8 sh. par arpent, outre un petit pot de vin, commença à l'améliorer en 1780. Le terrain est un mauvais marais d'aucune valeur dans son état naturel, étant si spongieux et si plein d'eau, que les bestiaux ne peuvent y marcher. Après l'avoir séché au moyen de fossés larges de trois pieds en haut et profond de deux, et ensuite donné un pied de profondeur de plus et seulement neuf pouces de largeur au fond, le carreau entre chaque fossé étant de vingt quatre pieds, et ses dépenses de 3 Sf par vingt quatre pieds, il commença par faire peler et bruler la surface de ce terrain, et il sema ensuite de l'avoine, de l'orge et du tréfle jusqu'à ce que convaincu de ses effets destructifs (pour se servir de ses propres expressions) non seulement par lui-même, mais encore par l'expérience d'autres agriculteurs de son voisinage *), il abandonna

*) Le terrain qu'il a amélioré sans peler et bruler la surface, a certainement meilleure apparence que ce-

entièrement cette pratique en 1787, et a adopté
le cours suivant, que j'ai copié de son regiſtre.
Des pommes-de-terre avec du fumier donne-
rent, la première année, environ 400 boiſſeaux
par grand arpent de 8 verges. — La ſeconde
année des pommes-de-terre ſans fumier produiſirent environ 300 boiſſeaux, et il veut eſſayer
pour la troiſiéme année (1795) d'en planter pour
la troiſième fois ſans fumier, et parait parler
avec confiance du ſuccès qu'il attend. Pour re-
venir (en 1789) à notre étendue de terrain en
queſtion, il y ſema de l'avoine de Tartarie, dont
la récolte fut bonne. Mais Mr. Chorley penſe
que des tourbieres et des terrains marécageux
ſont en général peu propres à produire du grain,
et qu'il convient infiniment mieux d'en ſaire des
prairies, qui ſe forment naturellement, pour peu
qu'on les aide d'un peu de fumier, et en con-
ſequence il ſe propoſe de renoncer à la pratique
de ſemer du grain. Il ſème ſon trèfle ſans grain,

lui de ſes voiſins qui continuent à ſuivre cette pratique, mais on peut attribuer ceci à ce qu'ils épuiſent
trop leur terrain par des récoltes ſucceſſives de grains,
après qu'ils l'ont pelé et brulé.

et son usage, pour le préfent, eft de le femer immédiatement après la récolte des pommes-de-terre, fi la faifon n'eft pas avancée. Il a femé du tréfle avec de l'avoine, et, en 1790, il eut deux bonnes récoltes; en 1791 il le faucha, et fit mettre enfuite sur chaque arpent un tas de marne d'environ 200 pieds cubiques; il fut fauché les trois années fuivantes; l'herbe qui pouffa tard en automne, et qui était fechée par les gelées d'hiver, ne fut pas mangée, mais herfée et ratelée au printems, enfuite employée comme litière pour les chevaux.

Sa manière de planter les pommes-de-terre (qu'il plante toujours la première année qu'il a defoncé fon terrain) eft la fuivante. La vafe, tirée du foffé, eft mife au milieu de la planche entre les foffés, et enfouie avec la bêche, pour que le milieu foit plus élevé que les côtés. Après que ce terrain a été bêché et expofé à l'air, la furface doit en être caffée au moyen de la bêche, ce qui coute 2 ℔ par perche. Ces planches ou carreaux de 24 pieds de large doivent être partagés en travers par des rayons de deux pieds de large, dans lefquels on plante trois,

(171)

mais quelquefois feulement deux coupures de
pommes-de-terre, fur lesquels on met le fumier
ou bien au deſſus des coupures.   On repand la
vaſe par deſſus le tout; de chaque côté on re-
ſerve un pied de terrain pour les couvrir, lorſqu'on les plante, et un autre pour les couvrir
encore, lorſqu'elles paroiſſent au deſſus de la
furface.   Toute la largeur de chaque planche
avec les deux intervalles eſt de 4 pieds.

Le tout ſera mieux entendu par le tableau
ſuivant.

Carreau de 24 pieds.

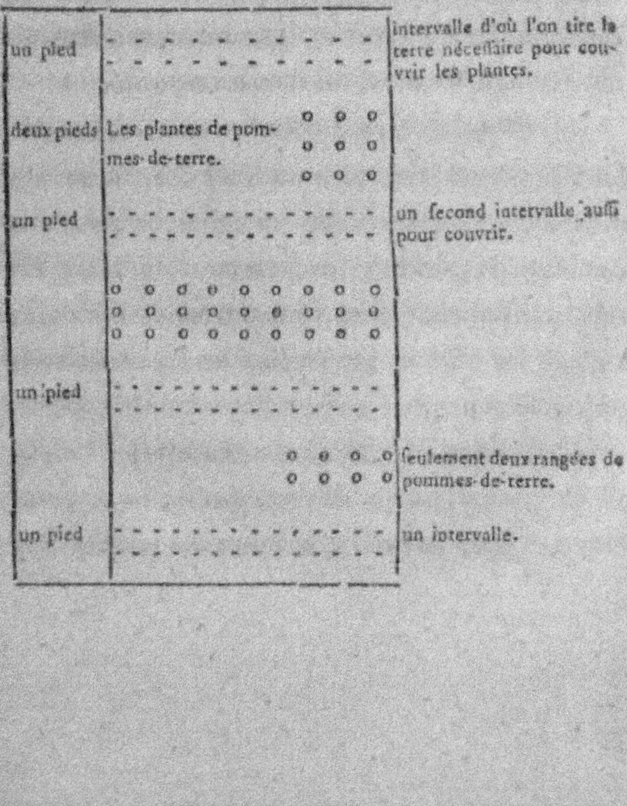

un pied	- - - - - - - - - - - - - - - - - - - -	intervalle d'où l'on tire la terre néceſſaire pour cou-vrir les plantes.
deux pieds	Les plantes de pom- mes-de-terre. o o o o o o o o o	
un pied	- -	un ſecond intervalle auſſi pour couvrir.
	o o o o o o o o o o o o o o o o o o o o o o o o o o o	
un pied	- - - - - - - - - - - - - - - - - - - -	
	o o o o o o o o	ſeulement deux rangées de pommes-de-terre.
un pied	- -	un intervalle.

Les frais de culture, tels que le desséchement, les façons données à la terre, le fumier, la plantation des pommes-de-terre, sont portée à L-5o par arpent, mais ce cultivateur pense qu'il sera dédommagé de sa dépense par trois récoltes.

Mr. Chorley a environ 3o grands arpents en culture, à-peu-près dix de plus qui sont déjà desséchés et environ 2o qui sont en pommes-de-terre. Il préfére de bon fumier de cheval ou de vache, à la marne qu'il pense qu'on ne devrait répandre sur ces terres qu'après deux ou trois récoltes, car après que ce terrain a été quelque tems en gazon, il commence à redevenir sauvage, et a besoin d'être retourné.

Mr. Chorley en plantant sur ces terres encloses des pommes-de-terre venues dans ce terrain marécageux, et sur celui-ci celles venues dans ces champs préserve ses pommes-de-terre du raccornissement; elles sont devenues fameuses à cause de cela, et ses voisins les achetent avec empressement pour les planter.

C'est à regrét que nous ajoutons que l'on se plaint généralement du raccornissement cette année, 1795, et qu'il y a une plus grande apparence de cette maladie dans les champs de pommes - de - terre qu'on ne l'a obfervé depuis plufieurs années; il faut à la fin avoir recours à la femence pour un renouvellement, car l'experience a appris que toutes les racines bulbenfes dégénerent après un certain nombre d'années — la renoncule en 25 ans, l'anemone en 15, la hyacinthe en 26; après cette époque, il n'eft aucun art ou peines qui puiffent les préferver, quoique cependant un changement de fol foit en même tems très utile. Il eft bon néanmoins de remarquer qu'on peut empecher le raccorniffement de fe communiquer, en arrachant les plantes affectées de cette maladie, aussitôt qu'on s'en apperçoit. Il ferait avantageux que cette importante découverte fut connue auffi généralement que poffible. On s'informa près de Mr. Chorley, fi cette maladie avait gagné fes champs, et il répondit qu'ils n'en paraiffaient pas du tout attaqués, et l'infpecteur ne s'en apperçut pas non plus.

Il fe propofait de continuer à planter des pommes - de - terre une quinzaine de jours après cette date, 15 Juin, et au moins 30 perfonnes

en hommes, femmes ou enfants étaient employées à cet ouvrage. Il a fait bâtir neuf chau-
mières, qui fervent d'habitations aux journaliers
qu'il emploie; il ne leur demande que 20 Sh.
par an de rente.

Avantage de mettre en culture les terreins en friche.

Le marais, appellée Bootle marsh, qui
fe trouve dans le voifinage de Liverpool, n'était
affermé, avant d'être amélioré, que 10 S. par arpent par an, et actuellement il rapporte environ
5 L. par an par arpent. La tourbiére de Strat-
ford ne rapportait pas autrefois un shelling par
arpent, mais maintenant il eft reconnu que par
les deffechements qu'on a faits, elle rapporte
5 L. par an par arpent. La bruyere de Bolton,
après un acte de cloture paffé en 1795, fut di-
vifée en lots, et feulement 170 arpents, qui ont
été loués à perpetuité pour la rente du fond,
rapportent 2600 L. par an, mais il était en quelque façon deftiné pour y batir des maifons.
Quelques unes des terres de cette bruyere ont
été cultivées depuis, et un enclos qu'on a cou-

vert de deux pouces de terreau, a été femé en
vefces fans labourer, et la récolte a été fort bonne; du trèfle blanc femé parmi les vefces forma
enfuite (1795) un bon paturage.   En 1794 des
enclos de douze arpents produifirent 600 boisseaux d'avoine, mefure de Winchefter, qui fut
vendue à 3 S. 5 ℔ le boiffeau.   La culture con-
fifta en un feul labour, et l'engrais fut un mélange de chaux et de terre; en 1794 cette bruyere produifit 4000 boisseaux de pommes-de-
terre.   Avant qu'elle eut été enclofe, fa furface
était de très peu de valeur comme paturage, et
ce qu'elle produifait, n'etait qu'un jonc très
groffier.

Méthode pour engraiffer le bétail, communiquée par Mr. Harper.

J'avais une année fix vaches que j'engraiffai
chez moi en même tems; elles étaient toutes
à-peu-près du même âge, et pour faire un effai,
j'en nourris deux avec des turnips et du grain
broyé; deux avec des pommes-de-terre bouillies
et du grain broyé, et deux avec des pommes-
de-terre crues et du grain bouilli. On commen-

ça à les engraisser en même tems, et lorsque je
les crus propres à être tuées, j'en vendis trois,
une de chaque paire, et lorsqu'elles furent écor-
chées, je fus les voir; je ne trouvai que peu ou
point de différence entre les deux dont l'une
avait été nourrie de grain broyé et de navets, et
l'autre avec des pommes-de-terre bouillies et
du grain broyé; mais celle qui avait été nourrie
de pommes-de-terre crues *) et de grain bouilli,
était mieux en chair et plus graffe que les deux
autres, de manière qu'on aurait cru qu'elle avait
été nourrie quinze jours de plus, et ceci n'eft
pas feulement mon opinion, mais encore celle
du boucher qui les tua; les autres trois furent
encore gardées à-peu-près trois femaines, et
lorsqu'elles furent tuées, l'on trouva qu'elles
étaient proportionellement à-peu-près dans le
même état que les autres, mais cependant meilleures, parce qu'elles avaient été gardées plus
long-tems, de manière que je préfère l'avoine
bouillie à toute efpèce de grain, et je la crois

plus

*) On fuppofe que le grain bouilli étant verfé fur les
pommes-de-terre crues leur donna un leger dégré
de cuiffon.

plus propre foit à procurer beaucoup de lait foit à engraiffer; elles avaient eu toutes la même quantité de grain etc.

Quelques autres perfonnes ont bien réuffi à engraiffer leurs beftiaux par le moyen du grain bouilli; une petite quantité de graine de lin ajoute à fa qualité. L'on devrait conferver foigneufe- ment la graine qui tombe du foin, et la pétrir avec un mélange de pommes-de-terre et d'avoine bouillie ou feulement paffée dans l'eau bouil- lante. L'infpecteur a éprouvé pendant plufieurs années les bons effets des graines de foin pour fes beftiaux.

Mr. Balmer, au lieu de pain de navette, a effayé de donner de la graine de lin bouillie, et au lieu de grains qui ont déjà fervi dans les braf- feries, il a effayé de donner de l'orge bouillie, mêlée avec de la graine de lin bouillie avec une addition de paille hachée, de graine de foin ou de menues pailles (*Spreu*); il a donné ce mélan- ge aux vaches-à-lait et aux beftiaux qu'il en- graiffe, et il trouve que cela leur eft beaucoup plus avantageux que l'autre nourriture compo-

M

fée de pain de navette et de grains tirés des brasseries.

Manière de nourrir les vaches par Mr. Henry Harper.

Il y a des saisons où il est si difficile de faire de bon foin, qu'il s'en gâte souvent beaucoup, quoiqu'on ne neglige aucuns soins. La conséquence de ceci est que la quantité de lait donné par les mêmes vaches est moins considérable et d'une qualité inférieure; que le beurre perd également sa couleur naturelle et son bon gout. Mr. Harper, pour remedier à cela, a adopté la méthode suivante: Il se procure quelque espèce de fourage pour ses vaches, c'est à-dire, quelque espèce de grain broyé qu'il mêle avec un peu de foin de la meilleure qualité, produit sur les terreins les plus fertiles, et qu'il arrange de la manière suivante. Il emploie ce bon foin comme une espèce de thé *), en versant de l'eau

*) Si le foin est gâté, il ne peut servir à la nourriture des vaches, et faire pour elles une espèce de thé avec du bon foin est une coutume aussi ennuyeuse que peu nécessaire, parce que l'estomac de la bête digerera bien son fourrage, et fera tout ce qui est

bouillante sur lui, et se sert de cette infusion pour échauder le grain broyé, en observant l'attention de hacher le foin avant qu'on le fasse infuser, au moyen d'une machine employée ordinairement pour couper de la paille, et ce foin, ainsi coupé à la longueur d'un pouce, doit être mêlé avec d'autre fourrage chaud. Le mélange du grain broyé, échaudé par l'infusion de bon foin, contribue beaucoup à donner un bon gout au beurre, et lui rend la couleur jaune, qui lui est naturelle. Les vaches-à-lait, en général dans cette province, excepté dans le voisinage des villes, sont ordinairement nourries de foin pendant l'hiver. Si dans ces endroits, elles étaient nourries de turnips et de choux *), on

M 2

utile, et, selon mon opinion, la meilleure machine pour hacher le foin est dans la bouche de la vache, et à laquelle la nature a pourvu. Il est néanmoins incontestable que mieux une vache est entretenue, et plus elle donne de lait et de beurre. Si l'on ne peut pas donner, sans danger, du foin gâté à de jeunes bêtes, il faut s'en servir pour litière.

*) Un petit morceau de salpêtre mis dans les jattes à lait avec le nouveau lait, empêche la crême et le beurre d'avoir un mauvais gout, quoique les vaches

les entretiendrait à moins de frais pour le fermier, et les jachères d'été feraient encore détruites par là.

XXV.

*Lettre fur la culture du Roota Baga, écrite par Mr.
Anftruther à Mr. A. Young, et inférée par lui dans
le XVI. Vol. de fes annales d'agriculture.*

J'ai introduit dans cette province le Roota Baga
ou navet Suédois, penfant qu'il pouvait être d'u-
ne grande utilité, comme formant une efpèce
de fourage verd après le mois de Mars, lorsque

foient nourries du rebut des feuilles de choux et de
turnips. On a obfervé que, quoique des vachers
ayent foignenfement évité de donner aux vaches les
premieres feuilles de choux et de turnips ou celles
qui étaient gatées, la crême et le beurre confervaient
un très mauvais gout, mais qu'auffitôt que la laitière
faifait ufage de falpêtre, on ne remarquait plus aucun gout défagréable, et qu'enfuite il n'était plus
néceffaire de prendre aucuns foins en nourriffant
les vaches, et qu'on pouvait leur donner des choux
et des turnips, fans avoir égard à leur qualité bonne
ou mauvaife.

les turnips ordinaires montent presque toujours
en graine, et que nous nous trouvons embaraf-
fés pour du fourage jusqu'à ce que l'herbe ait
pouffé dans nos prairies, ce qui arrive rarement
avant la première femaine de Mai, d'après cela
mon expérience fe rapporte particulièrement au
printems. La première experience que je fis,
fut en 1789, et, ne fachant pas mieux, je fuivis
la méthode ordinaire de semer la graine dans
mon jardin, fur une couche, vers le 12 ou 15
d'Avril; environ vers le 10 de Juin je les trans-
plantai dans le champ où j'avais des turnips, des
carottes, des choux et des pommes-de-terre
plantées en rangées. La grandeur du terrain
planté était exactement un demi arpent d'Écoffe.
Il fut labouré et fumé de la même manière que
le refte du champ où les turnips étaient femés,
et planté de la même manière en rangées feparées par un intervalle de 3 pieds, et vers le commencement de Juillet, on en ôta les mauvaifes
herbes au moyen d'une petite charrue à un cheval, qu'on paffa entre les rangées; ensuite on bina
ou farcla ce terrain avec une houe ordinaire et
en tout la culture fut la même que pour les tur-

nips. J'oubliais de dire que les plantes avaient été mises à 9 pouces de distance dans les rangées, et que toutes prirent racine. Je commençai en hiver d'en arracher quelques uns pour ma table, ils m'ont paru en général plus petits que nos turnips ordinaires, mais plus longs et en grande partie de la figure d'une bouteille ordinaire, et deux fois aussi pésants que les turnips de la même grosseur. Je peux les recommander avec confiance pour leur bon gout, car ma famille, après en avoir mangé, ne vouloit point en gonter d'aucune autre espéce. J'essayai d'en donner à mes vaches, et aux bœufs que j'engraissais, et ils les mangerent avec autant d'avidité que les turnips ordinaires. Les brebis ne voulurent absolument point en manger aussi long tems qu'elles purent avoir des turnips ordinaires. Ceci ne m'étonna pas, parce que toutes mes brebis avaient six ou sept ans, et que leur manque de dents rend difficile pour elles de macher cette racine, qui est beaucoup plus dure que les turnips.

Pour essayer si le Roota Baga pouvait bien se conserver après avoir été arraché, j'en fis

mettre, en Novembre, une charrettée dans du
fable dans une grange, et le refte fut répandu
fur une allée de gazon dans mon jardin, et entiérement expofé au froid jufqu'en Avril, qui eft
leur vrai tems et qu'alors le betail les mange
avec autant d'avidité que s'ils étaient frais; ceux
qui avaient été mis dans la grange, étaient auffi
bons.   Nous avons mangé à notre table ces turnips confervés de ces deux manières, et les avons
trouvé auffi bons que ceux que nous avions
mangé en Novembre.   Cette experience prouve
qu'ils peuvent refifter à de très grands froids,
car, depuis le 15 de Mars 1789 jufqu'à la fin
d'Avril, nous eumes presque fans interruption
beaucoup de neige et de gelées.

Comme il ne fit pas de froid en 1790, j'ima-
ginai que, comme il était pénible de les trans-
planter, et qu'ils pourraient devenir plus gros,
s'ils étaient femés dans le champ où ils devaient
refter, je ferais bien d'en femer un demi arpent
la première femaine de Juin en rangées avec des
intervalles de 3 pieds, et je les farclai comme
des navets ordinaires; le fuccès répondit parfaitement à mon attente, et les racines furent

confidérablement plus groffes que celles de l'année précédente, quoiqu'ils fuffent femés dans un terrain beaucoup plus mauvais. Excepté ce que nous en avions confommé pour notre table, le tout fut arraché le 20 ou 25 de Mars, et mis en tas dans la cour devant le grange, et fans qu'on les couvrit; on les donna à mes bœufs a l'engrais après que tous mes turnips ordinaires étaient finis. Je crois qu'ils durerent environ trois femaines, ce qui fut du plus grand avantage pour moi, car la douceur du tems avait fait monter en graine tous mes turnips, et n'ayant pas encore d'herbe, notre bétail mourrait de faim.

Tout bien confidéré, je fuis intimement perfuadé que le Roota Baga eft une racine très précieufe, foit qu'on en arrache une partie avant qu'il tombe beaucoup de neige, tems où l'on ne peut pas arracher les autres navets, ou de les conferver jusqu'au printems, lorsque tous les autres navets font finis.

Nota. On trouve la graine du Roota Baga, et de toutes les autres plantes à fourage, chez Mrs. Kennedy et Lee, marchands

grainetiers à Hammersmith près de
Londres.

XXVI.

Extrait des voyages agronomiques de
Mr. Young.

Je me suis rendu à Gillingham près de Chatham,
chez Mr. Dann, dont les articles, que l'on trouve
dans cet ouvrage, font très intéressants, et doivent être régardés parmi ceux qui y font insérés
comme les plus utiles et les plus susceptibles
d'être mis en pratique. Sa ferme qui est supé-
rieurement cultivé, m'a causé beaucoup de plaisir, même dans cette saison qui était le commencement de l'hiver. Pour surcroit d'intérêt, il
me donna des détails très satisfaisants sur sa manière de cultiver les pommes-de-terre; ce qui
suit, est le résumé de ce dont il me fit part. Je
trouvai le terrain destiné à la prochaine récolte,
labouré une fois, c'était un chaume de froment;
avant le second labour du printems, on y fit me-

ner deux charrettées de long fumier, nouvellement tiré des étables où l'on avait engraiffé des
boeufs l'hiver précédent; il ne porte les frais
de cet engrais qu'à 1 S. 6 ℔ par charrettée, en
y comprenant le transport. Alors il laboure
pour la troifième fois, et en plantant il laiffe
toujours un fillon d'intervalle; la diftance entre
chaque plante eft de 9 ou 10 pouces, et celle
entre les rangées de 20. Il a employé l'année
dernière 133 facs de pommes-de-terre pour
planter 16 arpents, ce qui fait 30 boiffeaux par
arpent; mais il eft bon d'obferver qu'il ne lui a
fallu une auffi grande quantité de pommes-de-
terre que parce qu'il laiffe deux yeux à chaque
morceau, ce qu'il croit très avantageux; il lui
en a couté pour les faire couper 6 ℔ par fac.
Le tems qu'il eftime être le plus favorable pour
planter, eft en Avril. Avant qu'elles paroiffent,
il fait paffer le rouleau fur le champ, ce qu'il
préfère à un herfage, parce que de cette manière
il n'y a pas de risque de tirer le long fumier
hors de terre. En Juillet il fait farcler et arracher les mauvaifes herbes; cette dernière opération lui revient à 5 S. par arpent. Enfuite

il fait donner 2 ou 3 legers labours entre les
rangées avec une petite charrue à un cheval;
dont l'objet principal eft de chauffer les pommes-de-terre, ce qu'il confidére comme très ef-
fentiel pour avoir une bonne récolte, parce que
felon fon opinion, plus elles font chauffées, plus
le produit devient confidérable.   Le fecond labour doit être plus étroit que le premier; il
trouve que par cette culture les pommes-de-
terre étouffent les mauvaifes herbes, et laiffent
le terrain parfaitement net.   Le produit d'un
champ de 23 arpents a été, l'un portant l'autre,
de 460 boisseaux par arpent.   Ce produit, qui
eft extraordinaire, m'oblige à remarquer que
le terrain fur lequel elles ont été plantées, était
une terre graffe, cependant un peu féche et gra-
veleufe, mais fur un fond de chaux, ce qui la
rend extrêmement fertile, car quoique la culture
ci-deffus adoptée foit fort bonne, elle n'autorife
pas néanmoins à efpérer 450 boiffeaux par arpent.   Dans l'un des champs où il y avait eu
des pommes-de-terre, nous creusâmes à une
profondeur de 9 pouces, et nous ne trouvames
pas que la couleur de cette terre fut différente

de celle de la fuperficie du champ, et nous ob-
fervames même qu'à douze pouces, elle sentait
bon.   Le prix ordinaire auquel il les vend, eft
1 S. par boiffeau; mais il donne la plus grande
partie de ces racines crues *) aux bétes - à - cor-
nes qu'il a à l'engrais; il a maintenant 29 bœufs
qu'il en nourrit, n'ayant autre chofe que des
pommes - de - terre crues, et de la paille d'orge;
six belles bétes de la race de Suffex en ont mangé 21 boiffeaux le jour où je me trouvai chez
lui; elles font étrillées et tenues très proprement, un homme n'ayant d'autre occupation que
d'en veiller et d'en nourrir feize de cette race.
Ces bétes achetées en Octobre furent mifes au
regain pendant un mois fur un champ de sainfoin, enfuite aux pommes-de-terre, et elles fe-

*) Mr. Turner obferve, en parlant des bouloires - à -
vapeur, que la pomme-de-terre étant un *folanum*,
efpèce de plante vénéneufe, il foupçonnait que fon
jus pouvait être très nuifible, quoique la racine fut
très nourriffante; que l'expérience ayant été faite,
fon réfultat confirma la théorie, que l'eau dans laquelle on fait bouillir des pommes-de-terre, donnée
feule aux cochons, leur eft mortelle, circonftance
qui doit fortement faire fentir l'avantage de faire
cuire les pommes-de-terre à la vapeur.

ront vendues comme de coutume en Mars ou
Avril. La place donnée à chaque bœuf dans
l'étable eft de 5 pieds 10 pouces; on lui met devant lui une petite mangeoire d'où il mange fes
pommes-de-terre, et l'on a pour régle de ne
leur en point laiffer pendant la nuit, de crainte
qu'ils ne s'étranglaffent au moment où il n'y aurait perfonne pour leur porter du fecours. J'ai
été voir fon champ de turnips, qui était très
beau; les racines font fort grandes, et quelques
unes même avaient une circonference de trois
pieds; cependant ils avaient été femés fans fumier et fans avoir préparé la terre pour eux par
un labour particulier. La femence fut jettée
dans l'intervalle des rangées de pois, qui étaient
plantés en ligne, et recouverte par le moyen
d'une petite charrue à un cheval.

La rotation de récoltes où il a introduit les
turnips et les pommes-de-terre, eft:

1re année . . pommes-de terre ou turnips,
2me   — . . orge,
3me   — . . fèves,
4me   — . . froment,
5me   — . . tréfle,
6me   — . . froment.

Mais il trouve que le produit des pommes-de-
terre eft infiniment plus avantageux que celui
des turnips, de manière qu'il fe propofe d'en
augmenter chaque année la culture. Les turnips mangés fur la place prépareront mieux
qu'elles le terrain pour recevoir de l'orge, mais
cet avantage n'eft rien en comparaifon du profit
beaucoup plus confidérable des pommes-de-
terre.

Mr. Dann cultive la luzerne avec succès,
et en trouve les récoltes très productives; j'ai
été charmé de voir quelques petites piéces de
chicorée qui avaient très bonne apparence;
deux étaient dans des coins de champs de luzerne, et Mr. Dann a remarqué que quand les
brebis les paturaient en mangeant la chicorée
de très prés, elles paraiffaient la gouter autant
que la luzerne. De là je me rendis chez Mr.
Boys à Belshaenger; quand il commença à
cultiver cette ferme, il fuivit la méthode en
usage dans la province de Kent, qui est pour
les rotations; 1. orge, 2. fèves et 3. froment,
mais depuis il a arrangé fa ferme en quatre

champs selon la rotation usitée dans la province
de Norfolk qui est pour la

1ere année . . . Navets,

2eme — . . Orge,

3eme — . . trèfle,

4eme — . . froment.

Dans quel cours il est décidé de cultiver
toute sa ferme, d'après la conviction que c'est
la méthode la plus profitable. Mr. Boys m'a
montré la ferme d'un ancien et bon agriculteur,
qui était grand partisan des jachères, dont le
terrein était argilleux et humide; le possesseur
occupe la ferme depuis 5o ans, et est censé avoir
fait une fortune considérable; sa rotation de
récoltes est pour la

1ere année . . . jachére,

2eme — . . froment,

3eme — . . orge,

4eme — . . orge ou avoine.

Il a aussi quelques terreins legers sur lesquels il cultive:

1ere année . . Navets,

2eme — . . avoine,

3eme — . . trèfle,

4ème — . . . . froment,
5ème — . . . . orge,

Il trouve que le froment dans cette rotation est préférable à celui qui vient après une jachère.

Je trouvai dans cette ferme un champ de sainfoin, si rempli de chardons que j'en demandai la raison, et l'on me repondit qu'il n'y avait pas de faute de la part du fermier, puis qu'il l'avait laissé deux ans en jachère; de-là on peut conclure qu'on peut laisser un terrein pendant deux ans en jachère sans que les chardons soient détruits. L'avoine semée après cette jachère ne rendit pas beaucoup plus que trois pour un par arpent, et le sainfoin ne valait pas la peine d'être fauché *), les labours cependant

*) On ne sauroit retracer trop souvent de tels exemples à ceux qui sont placés pour influer sur les améliorations de la culture, dans les pays soumis à la désastreuse routine des jachères. Dans cette routine, on a beau perdre une année sur trois pour donner au sol un prétendu repos, la terre fatiguée non pas de produire, mais de produire des grains ne rend que de chétives récoltes. On manque de paille

dant devaient avoir été bien donnés, car la
ration était de 3 boiſſeaux de ſèves et de 5 d'a-
voine par ſemaine pour quatre chevaux qui labouraient un arpent et demi par jour. L'on
m'allegua comme un excellent argument en
faveur des jachères, la fortune faite sur cette
ferme dans cinquante ans. Il m'importe peu
de savoir la valeur du terrein, je me borne seulement à remarquer que dans cinquante six ans
un intérêt accumulé convertira un très petit
capital en une grande fortune, et j'aſſurerai même que les intérêts accumulés de la rente de
cette ferme pendant ce tems ſe ſeraient élevés
cinq fois au deſſus de la valeur que l'on ſuppoſe

pour faire des fumiers. Les prés s'appauvriſſent
faute d'engrais. Les beſtiaux ſont maigres, foibles,
en petit nombre. Le cultivateur n'a point d'avances; la culture eſt imparfaite, languiſſante; la ruine
amene la ruine. Suppoſons l'introduction des tréfles, des ſainfoins, des racines qu'il faut cultiver à la
main: les fourages ſont doublés ou triplés, les beſtiaux ſe multiplient, les récoltes ſont plus que doublés en pailles et en grains, les fumiers ſont abon-
dants, les terres augmentent de rente d'année en
année, et l'aiſance eſt généralement répandue chez
les cultivateurs. Quels miraculeux changements!
quel beau secret! et qu'il eſt ſimple!

que cet homme a gagné en l'affermant, de manière que les jachéres n'ont contribué qu'à faire perdre de l'argent, au lieu de l'augmenter. Les exemples d'hommes qui font réputés avoir fait de grandes fortunes par de certaines methodes, ne sont pas rares dans chaque province du royaume, mais il eft toujours important d'attribuer les effets à leur vraie cause. Un homme qui vit trés frugalement dans une ferme pendant cinquante ans, et qui a alors un capital de 10 à 12000 LS. ou même davantage est confideré comme ayant fait de l'argent par l'agriculture, mais l'on demandera toujours s'il n'eut pas épargné davantage en restant au coin de son feu à ne rien faire.

XXVII.

Extrait d'un article fur la culture des pommes-de-terre, tiré du 21eme Vol. des annales d'Young.

Cette racine eft d'une fi grande importance, foit qu'on la regarde comme nourriture pour les bestiaux ou les hommes, que toute communication, qui regarde sa culture, doit être nécessairement bien reçue du public. Si les expériences suivantes sur une racine qui nettoie et enrichit le terrain, en même tems qu'elle donne les moyens d'entretenir un grand nombre de bestiaux pendant l'hiver, tendaient à opérer une exclusion totale des jachères d'été sur les terrains légers, je trouverais que je n'ai pas écrit inutilement.

La culture des turnips a été regardée comme le *nec plus ultra* d'une bonne agriculture, et les animaux utiles, les brebis, n'ont presque autre chose que cette racine pour leur nourriture d'hiver. En conséquence il vaut bien la peine de prendre en considération leur excellence comparative. Même dans le point de vue le plus superficiel la supériorité de la pomme-de-terre est apparente, mais quand vous considérez que la récolte des pommes-de-terre ne manque jamais, pendant qu'il y a bien des saisons où celle des navets ne réussit pas, il faut qu'un fermier soit bien difficile à convaincre qui ne le recon-

noit pas. C'est bien reconnu que les turnips
font fujets à bien des accidents, et quand ils
commencent à paraître les mouches ou plutôt
une efpèce de chenilles les detruifent fouvent,
et s'ils échappent à ce danger et que les feuilles
se forment, une maladie, appellée le chancre
noir, les attaque fouvent, et en peu de jours détruit tout un champ. S'ils échappent à tous
ces accidents et arrivent à leur plus grande perfection, une forte gelée, accompagnée de beaucoup de neige, vous empêche de vous en fervir,
et, après tout, il arrive fouvent que pendant le
mois de Fevrier ou de Mars, une forte gelée qui
furvient après beaucoup de pluie, détruit toute
la récolte, et vous prive de toute reffource pour
vos bestiaux hors le foin. Il n'en eft pas de
même des pommes-de-terre ; quand elles font
mises dans des foffes et bien couvertes, elles font
à l'abri de tout risque, et font auffi bonnes au
mois de Mars et d'Avril qu'elles auraient été au
mois d'Octobre ou de Novembre. Il ne faut
pas uniquement envifager dans les pommes-de-
terre le profit que vous en retirez, mais les con-
fidérer comme nettoyant et préparant le terrain

mieux que tout autre chofe pour une récolte de
bled. Il y a une grande différence entre une
jachère couteuse, et une récolte comme les
pommes - de - terre dont les fréquents farclages
préparent également bien la terre; le fermier
doit être content, fi elles payent la dépenfe de
bien fumer la terre, et fervent en même tems à
la tenir propre. On m'a informé qu'on a eu
quelquefois jusqu'à 1000 boiffeaux de pommes-
de-terre par arpent, mais mes expériences n'ont
pas été auffi heureufes. Je n'ai jamais eu un plus
grand produit que 160 facs par arpent, quoique
je fache qu'il foit poffible d'en avoir une plus
grande quantité de quelques efpéces, comme le
Surinam, l'Oxnoble et le Horfe-legs;
mais ces efpéces de pommes-de-terre ne font
pas fi nourriffantes. Quant au terrain qui eft
le plus favorable à cette racine, il n'y a pas de
doute; une terre qui eft en même tems légére
et riche, eft la meilleure, mais on peut la cultiver fur toutes qualités de terrains fabloneux, et
plus riche qu'eft le fol, plus abondante fera la
récolte; mais il ne faut pas qu'un fermier fe fie
trop à la richeffe du fol à l'exclufion de l'engrais,

dont il ne doit pas mettre moins que 20 charrettées par arpent, et je veux parler de charrettées qui contiennent 30 boisseaux chacune. De
tous les engrais le fumier de cheval, bien pourri,
est le meilleur, ensuite vient le fumier de co-
chon, puis tous les fumiers de différentes espèces et animaux. Essayez, tant que vous pourrez, de planter, pendant que le tems est sec ou
pendant le mois d'Avril ou de Mai; il faut vous
servir des plus belles et des plus grosses pommes-
de-terre pour planter, les ayant partagées en
deux morceaux. Changez les plantes tous les
deux ans, et cherchez à vous les procurer des
cantons les plus éloignés de vos champs qu'il est
possible. Ne couvrez pas vos plantes de plus
de trois pouces de terre, mais il faut être en
garde contre les corbeaux, qui, par la finesse de
leur odorat, les découvriront et en feront un
grand dégat. Environ trois semaines après que
les plantes ont paru, il faut commencer à les
houer; mais une fois que les plantes ont poussé
leurs jets et formé leurs racines bulbeuses, il ne
faut plus se servir de la houe. Si près cela
quelques mauvaises herbes paraissent, il faut les

arracher à la main. Si on peut trouver affez de
journaliers, il vaut mieux faire la récolte à la
bêche qu'à la charrue; et quand ils bêchent, il
faut les obliger de paffer la bêche fous les pommes-de-terre, et de ne pas l'enfoncer perpen-
diculairement; par ce moyen ils évitent de couper la racine; n'en faites jamais la récolte par
un tems de pluie, et à mefure qu'elles font levées, mettez-les à l'abri de la manière fuivante.
Creufez dans une partie feche de votre champ
un endroit de 8 pouces de profondeur et de 4
pieds de large, repandez un peu de paille dans
le fond et contre les côtés, alors jettez-y vos
pommes-de-terre jusqu'à ce qu'elles aient formé un tas de 4 pieds de haut, laiffant le deffus
en pente en forme d'un toit; mettez fur les pommes-de-terre ainfi placées une couche de paille
fêche de 6 ou 8 pouces d'épaiffeur, et couvrez-
la avec de la terre, prife au tour de ce magazin,
et battez-la bien ferme, en jettant fucceffivement
de la terre jusqu'à ce qu'elle ait l'épaiffeur d'un
pied; après ceci faites la couvrir avec du chaume ou les tiges des pommes-de-terre. De cette
manière j'ai confervé plufieurs milliers de facs

de cette racine, fans qu'elle ait fouffert par les hivers les plus rigoureux.

Il y a plufieurs manières de planter les pommes-de-terre, qu'il ferait bon de reduire à deux; c'eft-à-dire en rangées et d'une manière irrégulière. On peut encore fubdivifer ces deux manières; mais comme ce n'eft pas mon intention de fatiguer mes lecteurs, en entrant dans une discuffion fur leurs avantages refpectifs, je dirai feulement que mon expérience me fait préférer la manière irregulière, et de planter les pommes-de-terre fur des planches de 5 pieds de large, feparées par des intervalles de 3 pieds de large, faits en creufant la terre qu'on jette fur les planches, en obfervant de planter les pommes-de-terre à un pied de diftance entre elles. En fuppofant que la faifon foit auffi pluvieux que l'on voudra, les pommes-de-terre de cette manière font toujours à fec, et vous avez auffi l'avantage d'en approcher pour les houer, fans marcher deffus; en outre en étant plantées fi près, une telle fermentation putride eft crée par l'ombre des plantes que le fol en eft plus enrichi, et les mauvailes herbes plus complétement détruites par cette manière que par toute autre. J'ai remarqué qu'en houant la terre avec la charrue, on coupe les pommes-de-terre aussi bien que les fibres auxquels elles sont attachées.

J'essayai de donner des pommes-de-terre à mes cochons, qui les mangeaient avec avidité, et comme cette nourriture leur réussissait parfaitement bien, j'ai été encouragé par cette expérience d'appliquer plus en grand les pommes-de-terre à cet usage. En conséquence je fis bâtir une bouloire et des toits à cochons; je fis construire une pompe, et achetai de vieux tonneaux pour contenir leur nourriture. Comme cette maison se trouva très avantageuse, je vais en donner une déscription. Elle était d'un étage et d'environ 16 pieds en quarré, batie de pierres, et couverte de tuile. Dans la chambre en bas se trouvaient le chaudron et les cuves etc. et dans la chambre au dessus il y avait une grande porte, qui ouvrait sur un chemin, et par cette porte on jettait du chariot les pommes-de-terre dans la chambre. Il y avait dans cette chambre une pompe qui conduisait de l'eau dans un grand baquet, dans lequel les pommes-de-terre étaient lavées, et duquel elles étaient auffitôt jettées dans le chaudron qui fe trouvait au deffous. L'eau fale s'écoulait par une ouverture faite dans le mur qui joignait le baquet. Les pommes-de-terre étaient lavées dans un crible de fer d'Arechal.

En épargnant beaucoup de peines par cette manière, un feul homme pouvait avoir foin de 90 à 100 cochons. Près de la bouloire fe trouvaient les toits à cochons, divifés en 8 compartiments, et capables de tenir de 80 à 90 cochons; j'y mis 80 jeunes cochons et 10 vieilles truies.

Obfervation.

Dans le cours de l'effai précédent, je fis plufieurs obfervations. Je trouvai que l'eau, dans laquelle des pommes-de-terre avaient bouilli, était nuifible, et en conféquence j'évitai de la donner même mêlée avec la nourriture : il me fut aifé d'appercevoir auffi que les pommes-de-terre étaient mangées avec plus d'avidité, lorfqu'elles étaient légèrement cuites, que quand on les reduifait en marmelade.

La préférence à donner à de grands cochons fut confirmée, car les nourrins mangent presqu' autant qu'eux, et ne gagnent pas néanmoins proportionellement en grandeur ou graisse. J'éprouvai aussi que la qualité de la nourriture était infiniment meilleure, lorsqu'on y mélait une certaine quantité de farine une semaine ou deux avant de l'employer. On produit par là une espèce de fermentation, et il se forme, je crois, une liqueur spirituelle. Au commencement de cette opération je trouvai que beaucoup de cochons ne mangeaient les pommes-de-terre qu' avec répugnance, particulièrement, lorsqu'on les leur donnait crues, et je remarquai constamment que la quantité de pommes-de-terre consommées augmentait chaque semaine, jusqu'à ce que l'animal se fut engraissé aux trois quarts, mais qu'après ce tems ils mangeaient peu, et que toute la nourriture qu'ils prenaient, se convertissait en graisse. Il est en conséquence très avantageux de les engraisser entièrement, ce qui ne peut avoir lieu qu'avec le tems.

Autant que j'en peux juger, il est très utile de donner du sel mélé avec les pommes-de-

terre, parce que cela excite les cochons à les
manger avec avidité. Je crois qu'un peu de
dreche d'orge ou d'avoine mêlée avec leur nourriture leur fera beaucoup de bien. Je dois encore ajouter, que les jeunes cochons ne valent
rien pour engraisser, ils font toujours inquiets
et très difficiles à tenir dans les toits de cochons,
et très mal propres malgré tout le foin qu'on en
prend. J'ai trouvé que le secours de la laiterie
est néceffaire pour élever des jeunes cochons.
On fera bien d'éviter d'avoir des truies pleines
dans le commencement de l'hiver; le froid pin-
cerait les jeunes cochons, arrêterait leur croif-
fance, et la meilleure nourriture enfuite ferait
infuffifante pour les rétablir.

XXVIII.

Trois expériences de Mr. Acton fur la culture
des carottes.

Mr. Acton de Bramford, à qui je dois les détails
qui fuivent, a fait diverfes expériences qui ne

peuvent manquer pas d'être très utiles; entre
autres plantes qu'il a cultivées avec fuccès, fe
trouvent les carottes.

Première expérience.

Il fit labourer profondément deux arpents
d'une bonne terre légère, mais en même tems
fubftantielle, et en Mars il y fema, fans engrais,
de la graine de carottes qu'il couvrit au moyen
de la herfe. Elles léverent bien, on les farcla
trois fois à raifon de 3o Sh. par arpent, et la récolte en fut faite à la fois, aussitôt que les bouts
des feuilles commencerent à fe faner. On les
mit enfuite en tas pour l'ufage de l'hiver, et elles
furent employées principalement à nourrir les
chevaux, qui s'en trouverent parfaitement bien.
Mr. Acton trouva que les parties du tas, qui après
avoir été bien féchées, n'avaient été bien ferrées
les unes près des autres, étaient fufceptibles de
fe pourrir, mais que celles, qui après avoir été
bien féchées, étaient foigneufement ferrées les
unes près des autres, fe confervaient parfaitement.

Seconde expérience.

Un champ de la même qualité pour le sol reçut la même culture, il fut sarclé trois fois, au même prix que ci-deffus, et après qu'on eut fait foigneufement fécher les carottes, elles furent mifes en tas, et très ferrées les unes près des autres; aucune ne fe pourrit. Il en couta 1 L. St. par arpent pour en faire la récolte. On les donna aux chevaux au lieu d'avoine, et ils ne fe portèrent jamais mieux.

Troifieme expérience.

Il a cette année un champ femé en carottes, cultivé de la même manière que les autres, qui annonce que fon produit fera auffi bon que celui des récoltes précédentes. A l'égard du rapport Mr. Acton a remarqué peu de variation dans les trois années, et trouve que le produit eft de 6 boiffeaux par verge ou 960 boiffeaux par arpent, qui vendus à 8 Sols le boiffeau font une fomme de 32 L. St. Mais je prie encore une fois d'obferver que j'ai vu vendre à 1 Sh. par boiffeau des carottes pour nourrir le bétail; ces récoltes ont ainfi rapporté d'après ce prix 48 L. St. par arpent. Néanmoins il n'eſt pas d'une grande conſéquence que la valeur des récoltes ſoit de 24, 32 ou 48 L. St., car prenez le plus bas prix, et vous trouverez qu'il n'y a pas de récolte produit ſur le ſol Anglais, qui ſoit ègalement profitable.

XXIX.

Lettre adreſſée à Mr. A. Young, ſur la manière de cuire les pommes - de - terre à la vapeur d'eau, par Mr. Nicolas Turner.

à Fittleworth près de Petworth
en Suſſex.

MONSIEUR,

Il s'eſt paſſé beaucoup de tems avant que je puſſe vous donner la déſcription de la méthode de cuire les pommes - de - terre à la vapeur de l'eau, comme la pratique Mr. Thomas Crook à Tetherton près de Chippenham dans le Wilt-ſhire.

La culture et l'usage qu'on ſait de la récolte des pommes-de-terre eſt comme il ſuit ci-après. Les pommes-de-terre ſont placées en ligne à un pied de distance, avec des intervalles de 3 pieds entre les rangées. Il fait passer la charrue entre les intervalles de manière à jetter la terre des deux côtés, pour en former un dos d'âne au travers duquel poussent les plantes.

Trois cuves de bois avec des fonds de cuivre cuisent à la vapeur 25 sacs de pommes-de terre par jour, ce qui a entretenu 47 bœufs dans l'étable, 35 vaches et jeunes bœufs, 6 veaux d'un an, 3 chevaux de selle, 12 chevaux de charrette, et 30 cochons.

On donnait aux 47 bœufs, mélés avec les pommes-de-terre, ou du son, ou ce qui reste de la drèche après avoir fait la bière, ou de la farine d'orge ou de fèves, ou des pains de graine de lin, ou de la paille hachée, ou une petite quantité de foin.

On donne aux vaches, ou aux jeunes bêtes des pommes-de-terre avec de la paille hachée; on donne aux chevaux de selle des pommes-de-terre mélées avec du son, mais point de foin. On donne aux chevaux de charrette des pommes-de-terre avec de la paille hachée.

On

On ne donne aux cochons rien que des pommes-de-terre. Il employe 5 hommes pour préparer les pommes-de-terre, et nourrir les
beftiaux.

Il commence par engraiffer avec les pommes de-terre aussitôt qu'elles font mures, et il
continue auffi long-tems qu'elles reftent bonnes.
Il ne lui faut ordinairement que trois mois au
plus pour engraiffer fes bœufs. Je recommande
à tous ceux qui cultivent les pommes-de-terre
en grand de voir l'établiffement de Mr. Crook;
ils en verront plus dans une demie heure qu'ils
n'en peuvent apprendre par douze lettres.

Je fuis avec la plus parfaite eftime,

Monsieur,

Votre très humble serviteur
Turner.

P. S. Le fourneau n'eft autre chofe qu'un
fourneau ordinaire de petite dimenfion. Il n'eft
pas néceffaire de fixer la grandeur du fourneau,
ni de la cuve; il faut feulement obferver d'a-
dapter exactement la cuve audeffus du chaudron
qui fe met fur le fourneau, de maniére que le
bord de la cuve foit placé fur le bord du chau-

O

dron auffi exactement que poffible. S'il fort de la vapeur entre le chaudron et la cuve, il faut l'empêcher en fixant un linge tout autour; il faut auffi employer la même précaution en affujet-tiffant bien le couvercle de la cuve. Les trous font percés très près les uns des autres dans le fond de la cuve avec un vilebrequin de 3 quarts de pouce de diamétre. De cette façon les pommes-de-terre font cuites par la vapeur de l'eau, qui eft concentrée dans la cuve. On y en cuit plus d'un fac à la fois, et de cette manière, on prépare affez de pommes-de-terre pour nourrir de 50 à 60 têtes de bétail.

Le réfervoir dans lequel on tourne la machine pour laver les pommes-de-terre, eft de 3 à 4 pieds en longueur, 18 pouces en profondeur et deux pieds en largeur, mais on peut le faire de telle grandeur qu'on veut. Les deux bouts de la machine dans laquelle on met les pommes-de-terre, font fermés, le refte eft fait de petites barres de bois de chêne, à-peu-près d'un pouce de largeur avec un intervalle de 3 quarts de pouce; au milieu il y a une petite ouverture qui fe ferme, et dont le couvercle eft fait égale-

ment avec des petites barres de bois de chêne;
c'est par cette ouverture que l'on met et retire
les pommes-de-terre. La machine est exactement ronde et égale en grandeur d'un bout à
l'autre; elle est d'une construction facile; en la
tournant 6 ou 7 fois dans l'eau, et en pompant
dessus, on nettoye les pommes-de-terre parfaitement bien.

XXX.

Emploi avantageux des pommes-de-terre pour l'en-
grais des bœufs maigres.

Les pommes-de-terre font une excellente nourriture pour les bœufs maigres, que les fermiers
achetent au milieu ou à la fin de Novembre, et
qu'ils gardent pendant l'hiver pour les engraisser
fur leurs prés l'été suivant. On ne leur donne
ordinairement rien que de la paille; de forte
que quand on les met fur les prés, ils font de
vrais fquelettes. Comme la jeune herbe leur
donne fouvent une diarrhée, qui, jointe à leur

grande foibleſſe leur devient ſouvent mortelle,
ceux qui en échappent, paſſent ordinairement
6 ſemaines avant de commencer d'engraiſſer, de
ſorte que l'été eſt presque fini avant qu'ils ſoient
prets pour le boucher, au lieu que ſi on leur
donne des pommes-de-terre pendant l'hiver,
étant déjà en bon état lorsqu'on les mettra ſur
les prés, ils s'engraiſſeront dans le tiers du tems,
de ſorte que lorsqu'ils auront atteint le dégré de
graiſſe qu'on déſire, on pourra encore avoir une
récolte de foin ſur le méme pré ou y mettre d'
autres beſtiaux.

XXXI.

Manière de conſerver les pommes-de-terre.

La culture des pommes-de-terre devenant de
jour en jour plus étendue, et beaucoup de cultivateurs en récoltant une grande quantité, nous
avons cru devoir indiquer dans ce moment une
manière ſuivie avec avantage dans pluſieurs

pays, pour conferver ces racines. Voici en quoi confifte cette méthode.

On choifit un endroit voifin de la ferme, qui foit naturellement fec, et on creufe dans le fol à la profondeur d'un pied ; on donne ordinairement à cette efpèce de foffe la forme d'un carré long, de 3 pieds de largeur au moins, fur une longueur proportionnée à la quantité de racines qu'on veut conferver. La largeur eft rarement de 4 pieds, et jamais au delà, parceque l'expérience a prouvé que lorsque les amas de racines étaient trop confidérables, les pommes-de-terre s'échauffaient ; on en a perdu fouvent ainfi des quantités confidérables. On fait dans le fond de cette foffe un lit de paille bien féche, fur laquelle on jette les pommes-de-terre, et on forme un tas en dos d'âne ; on place fur le tas de la paille longue, comme fi on vouloit faire une couverture en chaume, et par deffus la paille on jette la terre retirée de la foffe, et qu'on a foin de repandre le plus également qu'il eft poffible ; après quoi on égalife et on raffermit le tout avec une pelle. Quelquefois on répand fur la couche de terre une couche de cendres de charbon-de-

terre, pour mieux garantir les racines de la gelée; mais presque toujours la méthode que l'on
vient d'indiquer, suffit pour les conserver. Il
est inutile d'ajouter qu'il faut que les pommes-
de-terre soient séches, lorsqu'on les met ainsi en
tas; elles sont ensuite retirées, à mesure qu'on
en a besoin, par une des extrémités du tas. On
fait dans cet endroit une ouverture qu'on bouche
ensuite avec de la paille.

XXXII.

*Méthode de conserver les pommes-de-terre dans le
Comté de Stafford.*

Dans le Comté de Stafford en Angleterre, on
ne fait la récolte des pommes-de-terre que vers
la St. Michel, car on remarque que, quand on
la fait plutôt, elles ne réussissent pas si bien;
si-tôt qu'on les a tirées de terre, il faut les mettre dans des trous creusés en terre à environ
trois pieds de profondeur; quand les trous sont
pleins, on met par dessus un peu de paille de

pois, enſuite un peu de fumier de cheval tout
nouveau ; enfin, on répand par deſſus le tout la
même terre qu'on a tirée du trou en le creuſant,
et on bât bien le tout, pour raffermir la terre.
Par ce moyen les pommes-de-terre ſe conſer-
veront bien toute l'année.

XXXIII.

Semence de pommes-de-terre.

Depuis que la culture des pommes-de terre eſt
devenue plus générale, les cultivateurs ont taché
de ſe procurer les variétés les plus productives,
et en même tems les plus nourriſſantes. La ſociété d'agriculture a diſtribué pendant pluſieurs
années quelques eſpèces de ces racines qu'elle
s'était procurées de l'Amérique, et qui avaient
été multipliées par les ſoins de Mr. Parmentier.
Mais un des moyens les plus efficaces pour obtenir les meilleures pommes-de terre, c'eſt d'en
ſemer la graine. La même eſpèce fournit ainſi
pluſieurs variétés bien diſtinctes, et dans les

pays où presque toutes les pommes-de-terre, au lieu de donner des tubercules, ne portaient que des racines fibreuses, cette méthode a suffi pour regénérer l'espèce. Différentes expériences ont prouvé que des pommes-de-terre, venues de graine, donnaient, toutes choses d'ailleurs égales, un produit beaucoup plus fort que des pommes-de-terre obtenus d'autres racines.

Vers la fin de Septembre ou au commencement d'Octobre, lorsque les baies font parfaitement bien mûres, qu'elles commencent à blanchir et à se ramollir, on récolte celles dont on veut extraire la semence. On suspend ces fruits jusqu'à Noël dans un lieu à l'abri de la gelée, où bien on les conserve dans de la paille; alors on les écrase dans l'eau, et on fait sécher les graines qu'on a séparées par le lavage; ou bien on se contente à l'époque des semailles, d'écraser les baies, de les mêler avec du sable et de les semer aussitôt. Le moyen qui a paru le plus expéditif et le plus commode à Mr. Parmentier, consiste à laisser entrer en fermentation les baies dès qu'elles sont cueillies, afin de diminuer un peu de leur viscosité; on les écrase ensuite entre

les mains, et on les délaie à grande eau, pour
séparer, à l'aide d'un tamis, la graine de la pulpe; on la fait ensuite sécher.

En Mars ou Avril, on séme la graine par rangs,
dans des rigoles de 3 pouces de profondeur, prati-
quées sur les planches de terre disposées à cet
effet; on laisse un pied de distance entre chaque
rang, et les rigoles font recouvertes de terre.
A mésure que les jeunes plantes paroissent, on
les éclaircit afin de laisser 8 à 9 pouces d'intervalle entre chaque pied; on enleve les racines
dès que la plante commence à jaunir. Ces nouvelles pommes - de - terre font à la troisième année, et quelquefois à la seconde, aussi grosses
que celles qu'on a obtenues par le moyen d'autres tubercules.

La pomme de-terre, comme toute autre racine bulbeuse, degénère au bout de 12 ou 15 ans,
si on n'a pas l'attention de la renouveller de la
semence vers la fin de cette periode.

———

XXXIV.

De la culture des pommes-de-terre.

La culture de cette plante précieuse est déjà répandue dans presque toute la France, mais dans
la plupart des cantons, on n'y consacre qu'une
petite étendue de terre, cultivée à la bêche.
L'usage de la pomme-de-terre est dès-lors peu
considérable; les hommes s'en nourrissent, et
on en donne une petite quantité aux animaux.
Il est cependant très avantageux de faire en grand
la culture de cette plante, afin de l'employer à
la nourriture des bestiaux. Les succès de plusieurs agriculteurs ont été cités plus d'une fois
à ce sujet, et les auteurs, qui ont le mieux écrit
sur la pomme-de-terre, parmi lesquels on doit
d'abord citer Mr. Parmentier, en ont recomman-
dé la culture sur des terrains d'une étendue considérable. Nous allons présenter, à cet égard,
la méthode la plus économique, adoptée par un
bon cultivateur Anglais. Le champ reçoit, au
mois de Novembre un premier labour; en Février il est bien uni, et on répand bien également
20 voitures de fumier long par acre; l'acre An-

glais eft de 40,460 pieds carrés. On enfouit
auffitôt à la charrue le fumier. Au commencement d'Avril avec une charrue à double oreille,
on tire des fillons dans la longueur du champ,
à environ deux pieds et demi de diftance entre
eux. Les pommes-de-terre font placées dans
ces fillons, en les efpacant d'un pied ou 15 pouces; la charrue à double oreille, en paffant dans
l'intervalle des rangées, rejette la terre de chaque côté fur les pommes-de-terre, de manière
que le fillon où elles fe trouvent eft relevé, tandis que par ce dernier tour de charrue, il fe trouve dans l'intervalle un fillon affez profond.

On ne touche plus aux plantes jusqu'à ce
que les pouffes aient acquis 5 à 6 pouces de longueur. Dès qu'on s'apperçoit que les mauvaifes
herbes font abondantes, on emploie une petite
charrue ou cultivateur à une feule roue, qu'on
fait paffer dans l'intervalle des rangées, et le
plus près poffible de pommes-de-terre; au
moyen de cette opération on forme différents
fillons, et on fe délivre des mauvaifes herbes.
Lorsqu'elles repouffent de nouveau, et qu'elles
font en quantité, on fait paffer la charrue dans

le milieu des intervalles, et par cette nouvelle
opération, les mauvaiſes herbes ſont détruites,
les pommes-de-terre ſe trouvent buttées, et elles
couvrent bientôt le terrain, avant que les mauvaiſes herbes aient repouſſé.

Lorsque les fanes des pommes-de-terre ſont
tombées, avant les gelées, et ordinairement vers
le milieu du mois d'Octobre, on choiſit un beau
tems pour enlever les racines de terre. Une
forte charrue, qu'on fait piquer profondement
et qu'on fait aller au deſſous des racines, les
met à découvert. Des femmes et des enfans,
qui ſuivent la charrue, ramaſſent les pommes-
de-terre. On fait paſſer enſuite ſur le champ
un fort rateau double et à longues dents, qui ra-
menent à la ſurface les tubercules qui étaient
reſtés en terre.

Dès que les pommes-de-terre ont été enle-
vées, on donne un labour, et on herſe de manière qu'il ne reſte plus de racines. La terre
ainſi préparée, eſt dans le meilleur état pour
être auſſitôt ſemé en froment. Il eſt bon d'obſerver, que le fumier employé pour les pommes-
de-terre ſert auſſi pour les grains, qui viennent

enfuite. Il eft inutile de rappeller qu'en enle-
vant les pommes-de-terre, on ne laiffe pas de
coutre aux charrues. Quelques cultivateurs
donnent de plus un labour croifé après le premier labour de Décembre, afin de rendre la
terre plus meuble, et de l'expofer à toute influence de l'atmofphère pendant l'hiver.

XXXV.

*Méthode pour faire bouillir les pommes - de - terre à
la vapeur d'eau, tirée des obfervations communiquées
à la fociété d'agriculture, Ir. Vol. in 4.*

BOULOIRES À VAPEUR.

L'ufage de faire cuire la nourriture des animaux
domeftiques à la vapeur d'eau, eft d'une épargne
et d'un avantage fi grands pour un fermier qui a
des chevaux, du bétail, des cochons ou feulement de la volaille, qu'il mérite une attention
particulière. Cependant il eft concentré maintenant dans des limites fi étroites qu'il n'eft connu que de très peu de monde. J'efpère, par

cette raison, que la déscription suivante sera agréable, et servira à en rendre l'usage plus général.

La principale nourriture qui est préparée de cette manière, est la pomme-de-terre. Cette inestimable racine, dont la culture, si vivement recommandée par la société d'agriculture, ne saurait être assez généralement adoptée, car rien ne peut l'emporter sur elle, comme aliment général et sain, également avantageux pour les hommes et les animaux, et ce qui est très heureux, c'est qu'elle est universellement goutée depuis la demeure des princes jusqu'à celle des animaux les plus sales.

On a souvent donné aux chevaux et au bétail des pommes-de-terre crues, mais on a eu lieu de remarquer qu'il est infiniment préférable de les faire cuire à la vapeur *), ce qui les rend

---

*) Pour s'assurer de ce fait, Mr. Wakefield nourrit quelques uns de ses chevaux avec des Pommes-de-terre cuites à la vapeur, et d'autres avec des pommes-de-terre crues, et il trouva bientôt que ceux, qui avaient été nourris de pommes-de-terre cuites à la vapeur, avaient un avantage décidé sous tous les rapports. Ceux nourris de pommes-de-terre,

beaucoup plus farineuses et nourrissantes que
quand on les fait bouillir dans de l'eau.

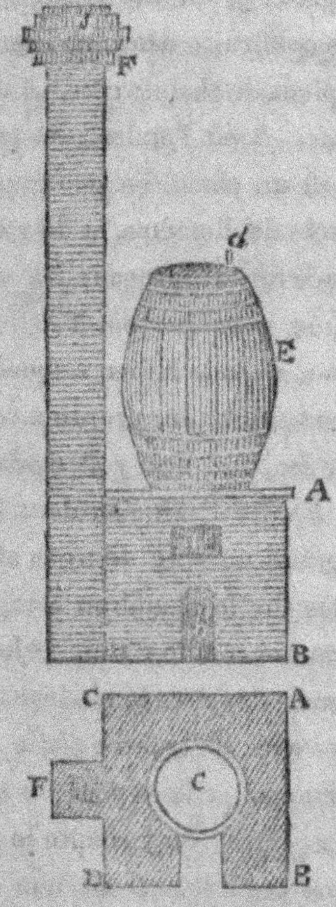

cuites à la vapeur avaient le poil uni et luisant, pendant que celui des autres était très rude.

La manière de faire cette opération est simple et aisée, comme on va le voir par ce qui suit.
A B C D, fig. 8 et 9, est une machine de pierre
ou de brique construite dans une forme cubique
d'environ 3 pieds de chaque côté. *A* est la porte
d'un fourneau; *B* est l'endroit où tombent les
cendres; *C* est un chaudron peu profond d'environ 20 pouces de diamétre, et de 7 à 8 de profondeur, placé sur le fourneau; *BC* est une pierre plate, unie, couvrant tout le dessus de cette
espèce de four, dans le milieu duquel est ména-
gée une ouverture ronde, propre à recevoir un
chaudron de fer, qui doit y être adapté erme-
tiquement; *E* est un tonneau dont le fond est
percé d'un grand nombre de trous assez petits,
et qu'on place sur le chaudron à vapeur, qui
doit être à moitié rempli d'eau. Alors on remplit de pommes-de-terre le tonneau, et l'ayant
bien calfeutré avec de la terre glaise autour du
fond, pour empêcher la vapeur de s'échapper
entre lui et la pierre, on y adapte le couvercle
aussi juste que possible. *D* est une espèce de
cheville courte, assujettie légèrement dans un
trou du couvercle, pour donner de l'air. On

peut

peut auffi couvrir cette ouverture avec un morceau de plomb, adapté fur elle, et agiffant au
moyen d'une charnière de cuir, de manière qu'il
puiffe céder de lui-même, et empêcher que le
tonneau ne foit endommagé par trop de vapeur.
F eft le conduit ou la cheminée par où fe dégage
la fumée, et qu'on peut bâtir contre le mur de
quelque maifon ou à toute autre place qui pourrait convenir davantage.

Lorsque les pommes-de-terre ont fuffifamment bouilli, ce qu'on peut connaitre en levant
le couvercle; alors on les retire avec une écu-
moire, ou bien on tourne le tonneau de haut en
bas, et de cette manière les pommes-de-terre
peuvent être renverfées dans un baquet. S'il
eft encore néceffaire d'en faire bouillir, on peut
fur le champ recommencer l'opération.

Ceci eft la forme la plus fimple d'une chau-
diére propre à faire bouillir des pommes-de-
terre, et il fuffit d'en avoir expliqué la nature.

Mr. Wakefield et Mr. Ecclefton de Sarsbrick
Halle ne s'en fervent pas d'autres, et, au lieu de
grain, donnent toujours à leurs chevaux des
pommes-de-terre bouillies à la vapeur. Le pre

mier de ces Mrs. en nourrit sa volaille de la manière ci-dessus, et il est surprenant de voir le
bon état dans lequel elle est, ainsi que ses chevaux, qui, pas plus qu'elle, ne goutent jamais
d'aucune espèce de grain.

On peut construire des machines à bouillir
de différentes manières, selon les places, où on
les destine, et un seul chaudron à vapeur peut
être fait de façon à offrir une capacité, propre
à faire bouillir plusieurs tonneaux de pommes-
de-terre en même tems. On peut encore, au
lieu de tonneaux, se servir de bouloires fixées
solidement, dont les fonds sont à coulisse, pour
vuider les pommes-de-terre dans de petits chariots, ou dans des brouettes, qu'on roule au dessous. On peut aussi retirer les pommes-de-terre
d'une bouloire, du genre de celle dont il vient
d'être question, en se servant d'une corbeille de
fer, qui s'adapte dans l'intérieur de la bouloire,
et qu'on peut retirer facilement par le moyen
d'un levier ou d'un cric.

Si ces bouloires-à-vapeur sont placées, près
de la cuisine, on pourra s'en servir également
pour toutes sortes de choses pour les usages do-

meftiques, car on trouve à préfent que cette
méthode de cuire les légumes et d'autres mets,
eft infiniment préférable à l'ancien ufage de les
faire cuire dans de l'eau.

XXXVI.

*Rotations dans lesquelles les pommes-de-terre font
introduites.*

A Aveley dans la province d'Effex, on féme
des vefces d'hiver, ou du feigle pour être mangé
en verd au printems; on laboure enfuite pour
les pommes-de-terre; après leur récolte on
féme des navets. Dans la province de Lancafter, on féme des navets après les pommes-de-
terre; on y a auffi planté avec beaucoup de fuccès des pommes-de-terre plufieurs années de
suite fur le même terrain. Dans le Weftmore-
land, on plante fouvent des pommes-de-terre
l'année après l'avoine. On adopte dans le Wilt-
shire la rotation fuivante:

1re année . . . pommes-de-terre,
2me . . . froment,
3me . . . orge,
4me . . . trèfle fauché, et paturé pendant l'hiver.

Dans l'Yorkshire:

1ere année . . pommes-de-terre,
2eme —— . . froment,
3eme —— . . avoine, orge ou pois.

Dans l'île de Mann dans une ferme de 100 arpents ou au de là, on plante ordinairement le quart de cette étendue en pommes-de-terre. Leur rotation ordinaire est:

1ere année . . pommes-de-terre,
2me - . . orge,
3me - . . trèfle,
4me - . . froment,
5me - . . avoine ou pois.

Dans le Middlelothian dans des terrains secs:

1re année . . . pommes-de-terre bien fu-
                         mées,
2eme — . . . froment,
3eme — . . . tréfle,
4eme — . . . avoine.

———

Dans le Rennfrew :

1ere année . . avoine après un pré.
2eme — . . pommes-de-terre,
3eme — . . avoine,
4eme — . . prairie artificielle.

———

Dans le Roxbourgshire on trouve que la feconde année de la récolte des pommes-de-terre
eft préférable à la première dans la qualité, la
quantité, et la groffeur des racines.

———

En Selkirk :

1ere année . . pommes-de-terre,
3eme — . . orge,
2eme — . . pré.

———

En Twedale on fème de l'orge après les pommes-de-terre.

Dans la province d'Hereford on séme sur un terrain argilleux la

 1re année . . pois après trèfle,
 2me — . . froment.
 3me — . . pommes-de-terre,
 4me — . . froment,
 5me — . . avoine et trèfle.

———

À Ryehope:

 1_{re} année . . avoine après un pré arti-
         ficiel,
 2me — . . pommes-de-terre,
 3me — . . froment,
 4me — . . turnips,
 5me — . . orge,
 6me — . . pommes de-terre,
 7me — . . froment,
 8me — . . prairie artificielle pendant
        5 ou 6 années.

———

À Enfield on plante les pommes-de-terre 4 années de suite, après le trèfle; on y met de l'engrais tous les ans, et on obtient d'excellentes récoltes.

Dans la province de Fife les navets réuſſiſſent fort bien.

Dans la province de Roſs on plante les pommes-de-terre dans des bruyeres, enſuite on ſéme des pois, aprés cela de l'orge, et puis des prairies artificielles, et toutes les récoltes ſont bonnes.

Mr. Wilkinſon à Enfield a trouvé qu'en nourriſſant les vaches de pommes-de-terre, leur lait était trop maigre et trop aqueux pour engraiſſer les veaux ; que le beurre était ſans couleur, ſans gout et ſans fermeté ; mais en leur donnant en même tems un peu de ſoin, le lait et le beurre ſont parfaitement bons. Il trouve que la nourriture de pommes-de-terre augmente conſidérablement leur lait, ce qui eſt très eſſentiel dans le voiſinage des grandes villes ; cuites ou même crues, elles ne communiquent aucun mauvais gout au lait ni au beurre, comme les navets ſont ſouvent.

Les pommes-de-terre ſont une excellente nourriture pour des bœufs maigres, que les fer-

miers achetent au milieu ou à la fin de Novembre,
et qu'ils gardent pendant l'hiver pour les engraiffer fur leurs prés l'été fuivant. On ne leur donne
ordinairement rien que de la paille; de forte
que quand on les met fur les prés, ils font de vrais
fquelettes. Comme la jeune herbe occafionne
fouvent une diarrhée, qui, jointe à leur grande
foibleffe devient affez ordinairement mortelle,
ceux qui en échappent, paffent communement 6
femaines avant de commencer de s'engraiffer, de
forte que l'été eft presque fini avant qu'ils foient
prets pour le boucher, au lieu que fi on leur
donne des pommes-de-terre pendant l'hiver,
étant déja en bon état lorsqu'on les mettra fur
les prés, ils s'engraifferont dans le tiers du tems,
de forte que lorsqu'ils auront atteint le dégré de
graiffe qu'on défire, on pourra encore avoir une
récolte de foin fur le même pré ou y mettre d'
autres beftiaux.

Dans la province d'Effex on engraiffe les
bœufs avec des pommes-de-terre bouillies avec
deux fois la même quantité de paille et de foin.
Dans la province de Lancafter on les cuit ordinairement à la vapeur d'eau, en les mettant dans

un baquet qui eſt percé et placé au deſſus de
l'eau bouillante; on les donne aux beſtiaux ou
chaudes ou froides, mêlée avec de la menne
paille, ou du ſon, ou de la graine de foin, de
l'orge ou de la farine d'avoine.

En Dumbartonshire on donne aux vaches
leur nourriture bouillie, et dont les pommes-
de-terre forment un principal ingrédient, n'é-
tant pas cuites, mais ſeulement bien lavées et
hachées.

Mr. Pitt de Pendeford engraiſſe ſes cochons
avec des pommes de-terre cuites et mêlées avec
de la farine d'orge.   Mr. le Blanc dit que les
truies peuvent nourrir beaucoup plus de jeunes
cochons en leur donnant des pommes-de-terre
qu'en leur donnant tout autre nourriture.   Les
pommes-de-terre qu'il leur donne après ſavoir
été bouillies, ſont mêlées avec du ſon et de la
farine d'orge.   Il donne aux autres cochons,
dans la baſſe cour, des pommes-de-terre crues.
Quand on obſerve que les pommes-de-terre les
purgent, on fait bien d'y mêler un peu d'alun
en poudre, ou de leur faire prendre, en petite
quantité, quelque autre choſe d'une qualité as-

tringente. On a trouvé que quand on veut bien
engraiffer les cochons avec des pommes-de-
terre, il faut cependant leur donner de l'avoine
pendant les trois dernières femaines. En Ecoffe
on engraiffe les cochons avec des pommes-de-
terre bouillies, mais pendant les 5 dernières femaines, on les mêle avec de la farine de toute
efpèce de grains; et pendant les derniers jours
on leur donne uniquement de la farine. On engraiffe auffi les oies de la même manière.

Mr. Cretté de Pailleul a engraiffé 16 moutons, dont 4 avec des pommes-de-terre, 4 avec
des navets, 4 avec la betterave, et 4 avec du
grain. Les quatre qui ont été engraiffés de
pommes-de-terre, ont augmenté de 70 livres
pendant 4 mois; ceux qui ont mangé des navets,
de 67 livres; ceux qui ont été nourris de betteraves, 71, et ceux qui ont mangé de l'avoine,
92 livres. On leur avait donné en outre un peu
de foin.

Mr. Armftrong en Irlande a engraiffé 40
moutons avec des pommes-de-terre, et 40 avec
du foin; ceux qui ont été nourris de pommes-
de-terre, fe font engraiffés beaucoup plus vîte

et péſaient davantage. Mr. Howard donne à ſes agneaux des pommes de terre et des navets. Le produit d'un arpent de navets a nourri 40 agneaux pendant 20 jours; 40 autres ont mangé 100 boiſſeaux de pommes-de-terre dans le même tems.

Mr. Crook en nourriſſant ſes chevaux de pommes - de - terre, les a préparées de cette manière: Il a une caiſſe trouée, qui s'adapte exactement audeſſus d'un chaudron qui contient environ 40 pintes d'eau, méſure de Paris; il garnit les bords du chaudron de ſerviettes mouillées, pour empêcher la vapeur de paſſer. Quand les pommes-de-terre ſont cuites de cette manière, il les donne à ſes chevaux avec de la paille ou du foin haché; quelquefois on y mêle un peu de ſel. Il a engraiſſé d'après cette méthode 70 bœufs à la fois. Dans la province d'Annadele on donne aux chevaux les pommes-de-terre bien lavées, et pas bouillies; et dans la province de Lothian on remarque que les chevaux préferent les pommes-de-terre à l'avoine; cependant ſi on les fait beaucoup travailler, on trouve qu'il eſt bon de leur en donner en même tems. Elles font excellentes pour les poulains; elles leur tiennent le ventre libre, et leur rendent le poil liffe, et les font grandir auffi vite en hiver qu'en été. Dans d'autres endroits on les donne aux chevaux, après les avoir faites fécher dans le four.

Mr. May dans la province de Suffolk entretient 19 chevaux et 4 vaches fur une ferme de 600 arpents, fans un feul arpent de pré ou de foin. Il ne leur donne autre chose que des pommes-de-terre, de la menue paille, et de la paille.

Dans la province de Roxbourg, on trouve que la meilleure manière de faire pondre les poules eft de les nourrir de pommes-de-terre bouillies, mélées avec un peu de farine; on les leur donne un peu chaudes.

Note fur l'avantage qu'il y a de planter les pommes-de-terre de bonne heure.

On remarque dans la province de Perth, que la qualité de la pomme-de-terre dépend beaucoup du tems où on la plante; il faut les planter de bonne heure (c'est-à-dire au commencement du mois d'Avril) pour les avoir seches et farineuses. Dans le Middlelothian on les plante ordinairement au mois d'Avril, mais quelquefois aussi tard que le premier de Juin. Celles qu'on plante les premières, font les meilleures et les plus farineuses, mais elles font plus sujettes à avoir les feuilles raccornies et elles font toujours moins productives; celles qu'on plante tard font aqueuses, mais la récolte en est plus abondante, et elles font rarement sujettes au raccornissement des feuilles. Dans le Lancashire on regarde le mois d'Avril comme la meilleure faison pour les planter, mais on commence fouvent au mois de Mai et même de Juin. Quoique la qualité des pommes-de-terre, qui font plantées tard, foit inferieure, cependant leurs récoltes font abondantes. Les gelées de printems font quelquefois nuifibles aux pommes-de-terre qui font plantées de bonne heure. Dans la province d'Ayre on les plante ordinairement au mois de Juin. Près d'Ilford on les plante quelquefois aussi tard que le 20 de Juillet. Près de Bath on les plante au mois de Juin.

Obſervation.

Les renſeignements ſur ce ſujet ſont ſi variés qu'on ne peut en tirer aucune conſéquence poſitive. Il peut être utile de les planter de bonne heure, lorsque les gelées du printems ne ſont pas fortes, mais quand elles le ſont, il eſt plus avantageux de différer. L'eſpèce de la pomme-de-terre, le ſol, et la qualité de l'engrais peuvent rendre les variations néceſſaires ; il ſera en conſéquence très utile de ſaire différentes expériences pour déterminer, ſi ceci eſt fondé ; il ſera bon de les répéter pendant pluſieurs années, et il ſaudra obſerver avec exactitude la temperature de l'année, et la marquer ſur un regiſtre.

Note concernant les terrains qu'on brule et qu'on pèle.

Près d'Annsgrove en Irlande, on ſuit beaucoup la methode de péler et de bruler le gazon pour planter des pommes-de-terre. On obtient par cette manière des récoltes très abondantes, et qui ne manquent jamais dans les bruyeres ; on pèle le terrain pendant le mois de Mars ou d'Avril.

Dans les landes où le fol eft très couvert de
plantes fauvages, on obtient de belles récoltes
fans autre efpèce d'engrais. On n'a pas encore
fait affez d'experiences pour qu'il foit poffible
d'affurer jufqu'à quelle profondeur on doit peler
le terrein, et jufqu'à quel point il faut le bruler.

Note fur la culture des pommes-de-terre en planches.

Cette méthode eft très ufitée dans la province
de Chefter. On laboure le terrain avant Noël;
en Avril on le laboure de travers et on le herfe;
enfuite le labourant très profondement, on forme
des planches de 5 pieds de large. A la fin d'A-
vril, ou au commencement de Maï, on mettra
dans fon terrain avec des plantoirs les morçeaux
de pommes-de-terre à la diftance de 8 à 10 pouces. Au bout de trois femaines, ou auffitôt que
les jets paroîtront, on creufera des tranchées
entre les planches, et on couvrira les plantes de
2 pouces de terre qu'on repandra également;
on les binnera et les farclera enfuite. Quand

on voudra récolter les pommes-de-terre, on se
servira de la bêche.

Manière de conserver les pommes-de-terre pendant
l'hiver.

Lorsque les pommes-de-terre auront été récoltées, et qu'on les aura mises sur l'aire d'une
grange, ou à couvert assez long-tems pour sécher,
on les déposera dans la terre pour les préserver
de la pluie et de la gelée, qui, si elles y étaient
exposées, les feraient bientôt pourrir, et les ré-
duiraient à n'être d'aucune utilité.

La manière de faire les magazins de sûreté
pour cette racine consiste à creuser un trou dans
la terre, qui aura la même dimension dans tous
les sens, et dont on déterminera la grandeur
d'après la quantité de pommes-de-terre qu'on
aura à y déposer. On mettra les racines dans
ce trou préparé pour leur reception, et lorsque
le creux sera rempli, on enlèvera des mottes à
l'entour qu'on assujettira solidement sur les bords
du trou. Ceci formera une seconde cavité qu'
on remplira aussi; et comme on avancera de

cette

cette manière au delà de la hauteur du niveau
de la terre, on placera de la paille aux côtés
entre le terrain et les pommes-de-terre; on con-
tinuera ainſi, en obſervant de diminuer par dégrés la circonférence du tas juſqu'à ce qu'il ſe
termine en pointe, dans une forme qui reſſem-
ble à un tas de bled. La terre qui le couvre,
doit avoir une grande épaiſſeur; il faudra la bien
battre avec la bêche, de ſorte qu'il n'y ait aucunes crevaſſes au travers deſquelles la pluie, la
neige ou la gelée puiſſent pénétrer. Il eſt d'uſage
de placer un grand morceau de gazon ſur le ſom-
met de ce tas; comme il faudra une grande
quantité de terre pour couvrir ce dépôt de manière à l'aſſurer contre une gelée longue et forte,
on enlevera à cet effet la ſurface du terrain voi-
ſin, ce qui le rendant plus bas que le niveau du
creux empêchera l'eau de s'arrêter dans cette
partie, qui, ſi elle y reſtait ſtagnante, pourrait
couler parmi les pommes-de-terre, et leur devenir nuiſible. Si pendant l'hiver on avait des
gelées extrêmement longues et rigoureuſes, il
ſerait avantageux de couvrir ce magazin de pommes-de-terre avec du long fumier de paille afin d'

Q

aſſurer plus efficacement ſa provision contre les injures de la ſaiſon.

Les pommes-de-terre conſiderées comme devant ſervir à la nourriture de l'homme.

Dans les montagnes d'Ecoſſe les pommes-de-terre étant devenues la principale nourriture du peuple, on les regarde comme le plus grand bonheur que les découvertes modernes ayent procuré au pays; elles l'ont plus d'une fois préſervé des malheurs d'une diſette, car elle était très commune dans ce royaume avant l'introduction de cette racine. Dans la province de Lothian les pommes-de-terre forment un tiers de la nourriture des habitants depuis le commencement du mois d'Août jusqu'à la fin de Mai de l'année ſuivante. Dans la province de Forſar on regarde cette racine comme d'une grande importance, parce qu'elle eſt un ſupplement à la nourriture du peuple dans le mois de Juillet avant que la récolte du bled commence; on regarde pour cette raiſon comme très eſſentiel de planter cette racine de bonne heure au printems. Dans la

province de Devonshire il est très usitée de faire
un pain de pommes-de-terre mêlé avec de la
farine. L'opération consiste à hacher les pommes-de-terre aprés qu'on les a faites bouillir,
et à les mêler ensuite avec la farine. Il est bon,
lorsqu'on fait bouillir les pommes de-terre, de
mettre du sel dans l'eau; cela les rend plus farineuses: c'est la méthode en usage à Londres.

XXXVII.

*Renseignements concernant la culture et l'usage des
pommes-de-terre, imprimés et mis en circulation
par la société d'agriculture de Londres.*

La société d'agriculture regarde comme un devoir de saisir la première occasion de soumettre
au public les renseignements suivants; ils sont
d'ailleurs recommandés par l'expérience de plusieurs personnes qui ont cultivé les pommes-de-
terre en grand.

Espèces.

Deux choses dans cette culture exigent également l'attention, 1. que les espèces ne soient pas sujettes au raccornissement; 2. que les racines doivent être farineuses. L'espèce connue sous le nom de Champion a ces qualités; elle est aussi très précoce et donne beaucoup. L'Oxnoble resiste aux intemperies des saisons, multiplie bien, et bouillie au printems, elle est très farineuse. La Kindney est d'une excellente qualité, et quoique sa récolte ne soit pas très abondante, et que dans quelques sols elle soit sujette au raccornissement, son prix au marché est proportionellement plus grand et dédommage. La Surinam, Cluster ou Yam est excellente pour les bestiaux, ne raccornit jamais et est très productive. Ceux qui cultivent des pommes-de terre en grand, devraient avoir différentes espèces; pour la primeur — pour garder — et pour les bestiaux.

Manières de planter.

1. En sillons sur un champ déjà en labour.
2. À la houe dans des paturages ou jachères.

5. En planches dans des marais, tourbières ou terrains trop durs pour être labourés.

En fillons.

Les fols fujets à l'humidité pendant l'hiver devraient être labourés en automne afin d'être bien fecs au printems; dans cette faifon il faut donner un labour et herfer bien également. En Avril et en Mai on doit placer les plantes. Tirez des fillons à 3 pieds de diftance, mettez le fumier dans ces fillons, et pas moins que 20 charges ou tonnes par arpent. Mettez les plantes fur le fumier à 9 pouces les unes des autres. Si le terrain était extraordinairement fort, couvrez le fumier et les plantes en y jettant de la terre avec la houe, et en y en ajoutant enfuite davantage avec la charrue; s'il eft leger et meuble, on peut les couvrir avec la charrue. Tenez les intervalles propres en donnant un petit labour avec un cheval 6 ou 8 femaines après que les pommes-de terre paroiffent; vous les farclerez enfuite; vous donnerez un binage à vos racines lorsqu'elles font encore jeunes, et après vous en ôterez avec foin les mauvaifes herbes.

Vous ferez votre récolte en ouvrant les rangées avec une charrue, et en herfant à plufieurs reprifes.

Les terrains préparés et fumés pour du froment qui n'a pas pu être femé, ou lorsque les plantes en ont été détruites par la gelée, font fusceptibles, fans autre engrais, de recevoir des pommes-de-terre cultivées d'après la méthode qui vient d'être indiquée.

Pommes - de - terre cultivées à la houe.

Si le fol du paturage eft très gras, on n'aura pas befoin de fumier; s'il n'eft que d'une bonté médiocre, 10 ou 12 tonnes par arpent fuffiront. Si on ne met pas de fumier, il faudra labourer le terrain tard dans l'automne. Lorsque le gazon ou les mauvaifes herbes paroîtront, vous lui donnerez un binage au mois de Mars. Si on emploie du fumier, il faudra le répandre fur la jachère au printems et l'y enterrer. Dans tous les cas, on mettra exactement au milieu de chaque fillon les plantes à 9 pouces l'une de l'autre; il faudra les tenir propres par des farclages, mais il ferait bon de paffer une charrue étroite le long des intervalles. On sarclera les rangées, si l'on trouve que cela soit nécessaire. Lorsque la récolte sera faite, on donnera un labour croisé.

On peut aussi appliquer cette méthode à des marais desséchés ou à des terres incultes capables d'être labourées; et en pélant et en brulant la surface pendant les vents Nord-Est qui règnent en Mars et qui séchent beaucoup, on pourra épargner le fumier. Ajouter, dans ces cas, de la chaux aux cendres, produit un bon effet.

Après une récolte précoce de foin, ou après la première récolte de tréfle, on peut labourer le terrein et y planter des pommes-de-terre à la houe, si on a eu le soin de conserver des plantes pour cet objet. De cette manière, on obtient une bonne récolte dans les parties méridionales de l'Angleterre.

Manière de cultiver les pommes-de-terre sur des planches.

L'on peut adapter cette méthode aux marais saignés entièrement ou en partie, et aux terrains qui sont difficiles à labourer. Pélez et brulez

la furface, ajoutez de la chaux aux cendres;
partagez votre terrain en planches droites de 6
pieds de large avec des intervalles de deux à
deux pieds et demi. Placez les plantes fur les
planches à douces pouces carrés les unes des autres, et couvrez les de 2 à 3 pouces de terre
qu'on enlevera avec la bêche des intervalles.
Lorsque les plantes paroîtront, couvrez les de
la même manière, en ajoutant cependant un
pouce et demi ou deux de terre de plus; tenez
les propres par un binage et les farclages répétés. On peut les récolter avec la charrue, en
ouvrant les planches et en rempliffant les premiers intervalles. On convertira les fillons ou-
verts, laiffez dans le milieu des planches enfai-
gnées affez profondes pour que le terrain puiffe
fécher pendant l'hiver.

Produit.

Dans quelques unes de ces méthodes le fermier peut attendre 200 à 300 boiffeaux par arpent. Le boiffeau pèfe 75 ℔; quelques terrains
donneront plus, d'autres moins. Le prix de
vente général du royaume peut être porté à 1 S.
jusqu'à 1 S. 3 P. par boisseau.

Les dépenfes varient felon les circonstances, mais il eft rare qu'elles s'élevent plus haut qu'à 10 livres, et il refte par conféquent un benefice de 5-8 L. 15 S. par arpent; ce calcul eft fait d'après une evalvation. Les frais feront dans quelques endroits plus confidérables, dans d'autres moindres. La méthode des fillons eft de beaucoup préférable en égard au bon marché. Si on ne vend pas tout le produit de fa récolte, on peut donner le refte à des bœufs qu'on veut engraiffer, aux chevaux et aux autres bestiaux, qui s'en trouveront bien, particulièrement si, lorsqu'elles ont été cuites à l'eau ou à fa vapeur, on met une poignée de fel fur 2 boisseaux de pommes-de-terre.

Doubles récoltes.

En Cornwall, en Cheshire, en Lancashire et dans le voisinage de Londres, on a obtenu dans une année deux récoltes de pommes-de-terre du même fond; on peut trouver le procédé qu'on fuit à cet égard, dans les rapports agronomiques des Comtés de Cheshire et de Lan-

cashire *).   Ceux qui cultivent des pommes-de-
terre précoces, peuvent certainement avoir deux
récoltes fur le même terrain.

La récolte fuivante.

On a femé avec fuccès du froment après les
pommes de terre, mais on recommande cependant davantage l'orge ou l'avoine fur des terrains
marécageux qu'on a defféchés, et qui ont été
cultivés d'après la manière indiquée ci-deffus.
On peut femer des navets qu'on fait manger aux
brebis, enfuite du grain, ou on fait des prairies
artificielles.

Confervation.

La méthode la plus approuvée eft de creu-
fer, dans un endroit très fec, des folfes de 6 pieds

*) La méthode fuivie en Cheshire pour fe procurer
   des récoltes précoces de pommes-de-terre, eft de
   tenir les plantes des efpéces les plus avancées dans
   un endroit chaud où elles peuvent pouffer au moins
   trois pouces dans le commencement de Mars, lorsqu'on a le foin de les couvrir avec de la paille ou
   des joncs chaque nuit pendant les gelées.   On les
   plante foigneufement avec les jets dans des fillons
   fur un fol leger.   Il faudra obferver qu'il n'y ait que
   l'extremité du jet qui foit à la furface.   On aura une
   récolte vers le milieu de Mai.

de large et de 18 pouces de profondeur, d'y répandre de la paille, et d'y mettre les pommes-de-terre en tas dans la forme du toit d'une maison; couvrez les avec attention de paille de 6 pouces d'épaisseur, et ensuite avec de la terre de 15 à 18 pouces; applatissez le tout bien fortement, et formez une élévation de 3 à 6 pieds au dessus de la terre. Si l'on a quelque crainte à l'égard de l'humidité, on creusera un fossé plus profond de quelques pieds que celui dans lequel on aura déposé les pommes-de-terre. Plus on peut les tenir à l'abri de l'humidité, quand elles sont ainsi enfermées, plus elles seront en sûreté.

Avis généraux.

Il y a un grand nombre de lisières au tour des terres à bled de chaque ferme qu'on pourrait defoncer avec un grand avantage. Les pommes-de-terre réussissent parfaitement bien sur des terrains nouvellement défoncés, et si le sol est passablement bon, le gazon, qui est enterré à environ 8 — 10 pouces de profondeur, est presque aussi bon que du fumier.

On devrait permettre, sur de grandes fermes, aux journaliers d'en planter pour eux mêmes dans les morceaux de terrain dont on ne tire autrement aucun parti; ce qui leur serait d'un grand secours et d'une très petite perte pour le propriétaire. Ainsi dans les terres incultes en général, on peut cultiver des pommes-de-terre avec un assez grand succès sans avoir besoin que très peu de fumier.

Pain de pommes-de-terre.

L'on recommande la récette suivante à ceux qui préfèrent mettre des pommes-de-terre dans le pain, à les employer d'après la manière ordinaire.

Choisissez les pommes-de-terre les plus farineuses, faites les bouillir et pélez les. Prenez en 12 livres, brisez et passez les bien dans un tamis de crin ou dans un crible de fil de fer très fin de manière à reduire les racines, autant que possible, en farine; mélez la bien avec 20 livres de farine de froment; faites votre pâte de ce mélange de la même manière que si le tout était de farine de froment. Cette quantité formera, étant en pâte, 9 pains d'environ 5 livres chacun, et lorsqu'on l'aura faite cuire pendant 2 heures à-peu-près, on aura 42 livres d'excellent pain.

La pomme-de-terre crue, pélée, rapée et mêlée avec de la farine dans la proportion indiquée ci-dessus formera aussi un excellent pain.

La société prend la liberté de prier le clergé, dans les différentes paroisses, d'avoir la bonté de communiquer à leurs voisins les renseignements dont elle vient de lui faire part, et en même tems d'encourager d'autant qu'il est possible les fermiers et les villageois à planter les pommes-de-terre au printems, afin que le royaume n'éprouve pas de disette, si la moisson prochaine ne pouvait se faire que très tard, ou qu'elle ne produisît pas suffisamment de grains pour faire du pain.

La société aurait pris un moyen plus direct et plus respectueux de solliciter tant la coopération du clergé que celles des laïcs pour l'encouragement de ces objets, si elle n'avait pas

été perfuadée qu'il n'y en avait pas de plus expéditif et qui atteignit mieux fon but.

La fociété s'eftimera heureufe de donner des
renfeignements additionels à ceux qui feraient
difpofées à entrer avec zèle dans les mefures
qu'elle vient de propofer. On peut, fur ce fujet,
adreffer quelques lettres à M. S. Sinclair, Bart,
Mr. London ou à quelque autre membre de la
fociété.

On travaille à une feuille plus étendue qui
paraitra bientôt, et qui doit offrir des expériences additionelles et néceffaires pour porter la
culture des pommes-de-terre à fa perfection.
En attendant la fociété a jugé qu'il pourrait être
très avantageux d'imprimer et de faire circuler
les renfeignements précédents auffi de bonne
heure que poffible, afin que l'attention du public put fe porter fur un objet auffi important, et
que ceux qui pourraient être engagés, par la
recommandation de la fociété d'agriculture, à
fe livrer à la culture de cette précieufe racine,
puiffent avoir la facilité de prendre fans délai
les mefures néceffaires pour cet objet, et particulièrement celle de s'affurer, fans perdre de

tems, d'une quantité suffisante des meilleures
espèces pour planter.

Signé par ordre de la société

J. Sinclair, Président.

XXXVIII.

De la culture des carottes ; extrait de la feuille
du cultivateur.

La culture des carottes est pratiquée en grand
dans plusieurs cantons de la Flandre et de l'Angleterre, on y fait servir ces racines à la nourriture des bestiaux, et il est bien à désirer que
cette branche d'économie rurale puisse s'introduire dans plusieurs pays, où elle serait d'une
grande ressource. On va indiquer les procédés
qu'on suit à cet égard dans une province d'Angleterre, tels qu'ils sont indiqués par Mr. A. Young.

On cultive les carottes sur-tout dans les terres legères, mais riches, fabloneuses, de couleur
noirâtre, et qui conservent l'humidité, ces sortes
de terre ont beaucoup de profondeur, et leur

odeur indique assez qu'elles sont très propres
à la végétation.   On laboure le chaume en automne, en faisant paffer la charrue deux fois dans
le même fillon, de manière à aller jusqu'à 18
pouces de profondeur; on donne une autre façon un peu avant Noël, et enfin on laboure la
terre pour la dernière fois vers la fin de Février
ou le commencement de Mars, fuivant la faifon,
mais jamais lorsque la terre eft trop humide, et
qu'elle ne fe divife pas aifement. Immediatement
après ce labour on herfe avec beaucoup de foin,
afin de rendre le terrain aussi uni que poffible;
la femence de carottes eft repandue à la volée,
et enfoncé légèrement à la herfe; on employe
ordinairement 6 livres de graine par acre. Lorsque les plantes ont acquis 3 ou 4 pouces de longueur, ou, pour mieux dire, qu'on peut les distinguer aisement, on donne le premier binage
avec la houe: on choifit pour faire cette opération, un tems sec, et on employe à la fois autant
de bras qu'il eft possible de s'en procurer, afin
d'avoir fini avant que la pluie ne survienne.
Lorsque les mauvaifes herbes font très abondantes, les ouvriers employés à ce travail fe trai-
nent

nent fur leurs genoux, pour pouvoir distinguer plus surement les carottes; les houes qu'ils employent, ont 4 pouces de largeur, et le manche n'a que 18 pouces de longueur; fi les mauvaifes herbes font peu abondantes, ils font cette opération debout et avec des inftruments ordinaires. Dans cette première façon on efpace les carottes de 5 ou 6 pouces entre elles, et fi on découvre deux plantes trop rapprochées ou de mauvaifes herbes trop près des carottes, on les éclaircit à la main.

Quinze jours ou 3 femaines après cette première façon, fuivant la faifon, on choifit un tems fec pour paffer la herfe fur tout le champ; cette opération eft indifpenfable pour ameublir la terre, détruire les mauvaifes herbes qui ont repouffé; la herfe n'arrache prefque point de carottes. Dès que ces plantes ont 6 pouces ou environ, on donne une feconde façon à la houe. On employe cette fois des houes de 9 pouces de large, et on laiffe les carottes à la diftance de 16 à 18 pouces entre elles; il vaut mieux les efpacer plus que moins. Toutes les mauvaifes herbes fe trouvent détruites par cette opération, et la terre est ameublie.   On arrache à la main les mauvaises herbes qui se trouvent trop près des carottes, on tâche de nettoyer le terrain autant qu'il est possible, on remue même les places où il ne paraît point de mauvaises herbes, afin de détruire toutes celles qui pourraient repousser. S'il arrive que par la suite on voit paroitre encore quelques mauvaises herbes, on emploie de tems en tems des enfants pour les découvrir et les arracher ; le succès de cette culture dépend sur-tout des sarclages et des binages ; il ne faut pas les négliger, même dans les tems où les cultivateurs sont le plus occupés, comme dans le tems de la fénaison ou à l'époque de la moisson.

Vers la fin d'Octobre, on peut arracher les carottes.   Ces racines sont employées de deux manières : on leur coupe les feuilles, on les nettoie, on les fait un peu sècher, et on les serre pour l'hiver, ou bien on les laisse après les avoir arrachées dans les champs, et elles servent sur le lieu même à la nourriture des bestiaux. Chacune de ces méthodes présente des avantages particuliers. Suivant la première, on perd moins

de carottes, et on peut les faire servir de plusieurs manières; suivant la seconde, le terrain
qui les a produites, est amélioré sensiblement
par le séjour des bestiaux.   Il est vrai qu'en suivant cette méthode, on n'obtient pas le fumier
qu'on peut d'ailleurs se procurer à la ferme, en
n'arrachant les racines qu'à mesure qu'on en a besoin.   La gelée peut souvent empêcher de faire
cette opération.

Une fourche de fer à 3 dents est l'instrument
le plus commode pour les arracher; on les met
aussitôt en tas, ou bien on les laisse éparses sur
le sol, pour les faire sécher un peu, et on les
transporte à la ferme, où on les nettoie; on en
sépare les feuilles que les animaux et surtout les
porcs aiment beaucoup.   Les racines sont placées à couvert dans un lieu bien sec ou dans une
grange, entourées de paille, et de manière à ne
pouvoir pas être endommagées par la gelée.
Pendant tout l'hiver on donne aux chevaux des
carottes, au lieu d'avoine; ils s'en accommodent
bien, en font aussi aisément leur travail accoutumé, à moins qu'on ne les mène trop vite. Pour
donner les carottes aux chevaux, on les lave d'a-

bord, et on les coupe par morceaux dans un tonneau, au moyen d'une pelle de fer; les morceaux font mêlés avec de la paille hachée. Il est beaucoup de cultivateurs, qui ne donnent pas d'autre nourriture pendant tout l'hiver à leurs chevaux, et qui s'en trouvent très bien. Les bœufs nourris de carottes s'engraissent beaucoup; on les leur donne dans les mangeoires, et on a le foin de mettre une petite quantité de foin dans les rateliers; on a en même tems la plus grande précaution de leur fournir de la litière fraiche, ce qui procure beaucoup de fumier. Les moutons qu'on veut nourrir avec des carottes, font conduits fur un gazon fec, où on répand ces racines; on les leur donne en Mars et en Avril, lorsque les turnips ou raves font achevés. Il n'y a pas de meilleure nourriture pour les porcs; les coches portieres en profitent beaucoup, et les cochons de lait s'accommodent bien de ces racines; en en nourrissant les vaches pendant l'hiver, leur lait est auſſi riche, et le beurre auſſi délicat et d'une auſſi belle couleur que pendant l'été.

Les agriculteurs de la forêt noire connoiſſent bien la valeur de cette racine, qu'ils employent pour achever de donner une fine graiſſe à leurs bêtes-à-cornes et à leurs cochons, après avoir commencé à les engraiſſer avec des pommes de terre. Le lard de ce canton paſſe pour être le meilleur de l'Allemagne, et il eſt bon d'obſerver que les carottes donnent de la ſolidité à la graiſſe de cochons dont le lard ſerait trop mol, s'ils étaient uniquement nourris de pommes-de-terre.

Cette racine eſt avantageuſement connue en médecine pour ſa propriété de déſécher en très peu de tems les plaies, en ratiſſant une petite quantité de ce légume, qu'on applique ſur la blessure, et qu'on renouvelle auſſitôt qu'elle ne contient plus de ſuc. Ce remède a ordinairement les plus heureux réſultats, et les médécins recommandent auſſi avec beaucoup de ſuccès cette racine pour purifier le sang.

XXXIX.

De la betterave-champêtre.

Cette sorte de betterave qu'on appelle aussi assez improprement racine de disette, n'est qu' une variété de la betterave ordinaire, dont elle ne diffère qu'en ce que sa racine est toujours en grande partie hors de la terre, qu'elle vient ordinairement plus grosse, que sa substance est moins fine, qu'elle donne des feuilles plus larges et plus épaisses. Les botanistes l'ont toujours désignée sous la dénomination de *Beta cicla caulescens*, ou *altissima*; sa culture est connue depuis long-tems en Allemagne; la racine et ses feuilles y sont employées à la nourriture des bestiaux. Depuis quelques années quelques auteurs allemands l'ont recommandée dans des cantons où elle n'était pas cultivée; on trouve l'indication de quelques uns de ces ouvrages dans les mémoires de la société royale d'agriculture, trimestre d'hiver 1785, avec des détails sur la culture et l'usage de cette plante, communiqués par M. de Thosse, correspondant de la société.

Mr. de Thosse est un des premiers qui ait fixé en France l'attention des cultivateurs sur la betterave champêtre, qui a été surtout repandue par les soins de Mr. l'Abbé Commerell. Avant cette époque la betterave était connue des jardiniers, et tous les marchands grenetiers en avaient de la graine, mais elle était peu cultivée. On peut encore demander si la culture de cette plante est aussi avantageuse qu'on l'a annoncée. Des essais très multipliés semblent prouver qu'elle n'est profitable que lorsqu'on la cultive sur une petite étendue de terrain; les frais qu'elle entraine, lorsqu'elle est cultivée très en grand, ne sont pas couverts par les produits qu'elle donne. Enfin la betterave ordinaire, employée aux mêmes usages, paroit être aussi avantageuse; il existe du moins plusieurs expériences comparatives faites par des cultivateurs habiles, et d'après lesquelles il conste que le produit de ces deux plantes est a-peu-près egal. Néanmoins la culture de betterave champêtre est utile dans beaucoup de cas; elle offre une ressource précieuse, surtout dans une petite exploitation, ses feuilles et sa racine servent à la nourriture des bestiaux, et nous allons indiquer en peu de mots les soins qu'elle exige.

Cette plante s'accommode assez bien de toutes sortes de terre, pourvû qu'elles soient meubles, et qu'elles aient 12 ou 15 pouces de profondeur; elle réussit cependant mieux dans un sol léger, gras, un peu sabloneux, qui a été bien divisé par plusieurs labours et amendé convenablement. Au mois de Mars, la graine est semée dans le champ à la volée, ou repandue sur un terrain particulier pour être ensuite repiquée à demeure, ou bien encore regulièrement semée dans le champ. Lorsque les plantes doivent être repiquées, on les place à 15 ou 20 pouces les unes des autres; cette plantation doit être faite le lendemain d'une pluie, ou lorsqu'il y a apparence qu'il pleuvra bientôt; mais s'il n'y a pas apparence de pluie après la transplantation, on a soin de mettre les plantes dans de la terre detrempée d'eau d'un trou à fumier, et on les plante ensuite avec cette terre dont elles sont enveloppées. Quelques jours après les jeunes plantes ont repris, et alors il ne faut plus que des sarclages et des binages pour amollir la terre, et

empêcher les mauvaises herbes de nuire aux
betteraves.

Lorsqu'on seme à la volée dans le champ où
les plantes doivent rester, on se contente ensuite
de les éclaircir, et de laisser entre elles une distance suffisante pour qu'elles puissent grossir.
Mais les betteraves cultivées de cette manière
ne viennent jamais aussi fortes que celles qui ont
été repiquées, et d'ailleurs les façons à donner
à la terre sont plus difficiles. Les cultivateurs
allemands qui veulent éviter l'embarras de la
transplantation, après avoir disposé leur terrain,
tendent un cordeau sur le champ pour suivre
une ligne droite, ou bien suivent un sillon quelconque, et mettent de distance en distance une
graine de betterave dans un trou d'un pouce de
profondeur fait avec le doigt. On a le soin de
faire tremper pendant 24 heures les semences
dans de l'eau, et de les ressuyer pour pouvoir les
manier. Il est bon de déchausser les betteraves,
c'est-à-dire d'enlever à mesure qu'elles grossis-
sent, une partie de la terre qui les entoure; de
cette manière elles deviennent plus belles. Dans

quelques pays on cultive cette plante dans le même tems avec des choux qui ont befoin d'être buttés.

Dès que les racines font affez fortes, on commence à récolter les feuilles; on les caffe le plus près poffible de la racine, et on n'en cueille à la fois que la quantité dont on a befoin. On peut ainfi, dans le courant de l'été, effeuiller 3 ou 4 fois les plantes. Tous les beftiaux fe nourriffent avec plaifir de ces feuilles; les chevaux s'en accommodent bien; on les donne aux cochons, hachées, puis mouillées et mêlées avec du fon. Les vaches fur-tout recherchent cette nourriture, qu'on leur donne mêlée avec d'autres fourrages. On peut les faire fervir dans les cuifines, foit accommodées comme des épinards, foit qu'on prépare les côtes comme celles de poirée.

Avant les gelées on enlève de terre les betteraves, et après les avoir parées et nettoyées, on les met en tas dans des caves, ou des granges à l'abri de la gelée. Lorsque la récolte eft très abondante, et qu'on n'a pas affez d'efpace, on les place dans des foffes faites exprès; on les recouvre de paille fraiche, et d'une conche de terre qu'on taſſe avec ſoin. Tous les animaux peuvent être nourris en partie avec ces racines, mais c'eſt ſur tout aux vaches laitières qu'elles deviennent profitables, en leur fourniſſant pendaut la mauvaiſe saison une nourriture fraiche; on peut donner à chaque vache, deux ſois par jour, 16 à 18 livres de ces racines, mêlées avec 4 livres ou environ de paille hachée ou de ſoin haché ou briſé.

Les détails que l'on vient de rapporter ſont en partie extraits du mémoire de Mr. de Thoſſe, de celui de Mr. l'Abbé de Commerel, et des notes qui ont été communiquées par Mr. Costel, membre de la ſociété d'agriculture.

Cette plante, à beaucoup d'égards, eſt préférable aux différents eſpéces de choux dont on nourrit les beſtiaux; ſes jeunes plants, par exemple, ne ſont pas auſſi ſujets à être dévorés par les pucerons, que les plants des choux. Pluſieurs racines de betterave champêtre pêſent jusqu'à 10, 12 et 15 livres. Il ſaut avouer cependant que cette nourriture n'eſt pas auſſi ſubſtantielle que celle qui provient des gros navets,

des pommes de-terre ou des carottes : mais cette
infériorité relative est bien compensée par le
produit qui surpasse de beaucoup celui de toutes les autres plantes cultivées pour la nourriture des bestiaux. Ceux qui la cultivent, assurent qu'un arpent de betterave-champêtre donne autant de profit au propriétaire que 2 ou 3
arpents de pré naturel. Dans une expérience
faite en 1783, un demi-acre a rendu 25000 livres
pésant de ces racines, sans compter les feuilles
dont on a fait plusieurs récoltes pendant l'été.

XXXX.

*Méthode de Mr. Henri Dobby, habitant la province
d'York, pour se procurer des pommes-de-terre
de semence.*

Woodside-Chapel, Allerton près de
Leeds, le 10 Juillet 1792.

MONSIEUR,

Ayant trouvé que la méthode ci-jointe de se
procurer des pommes de-terre de semence, a eu
beaucoup de succès, je m'empresse de vous en

faire part, pour que vous lui accordiez une place dans vos annales, si vous la jugez digne d'y en occuper une.

J'ai l'honneur etc.

MONSIEUR,

votre très-humble et très obéiſſant
ſerviteur

HENRI DOBBY.

Prenez les plus groſſes baies de l'eſpèce de pommes-de-terre que vous ſouhaitez cultiver ; paſſez les dans une petite ſicelle, et ſuſpendez-les enſuite dans un endroit bien ſec juſqu'à la fin de Février, alors écraſez les très menu, et lavez-les dans pluſieurs eaux juſqu'à ce que la ſemence ſoit entièrement ſéparée de la peau et de la partie charnue, cette opération achevée, étendez la graine ſur du papier gris, et lorſqu'elle ſera bien ſèche, ſemez-la dans le commencement de Mars ou même plutôt, ſur une couche à-chaſſis, en lignes, en obſervant de laiſſer entre elles un eſpace de 10 pouces ; il faut la ſemer très clair, et ſeulement à la profondeur d'un tiers de pouce ; ayez ſoin d'arroſer frequemment les intervalles des lignes, et lorſque les plantes ſeront un peu grandies, met-

tez de bon terreau entre les lignes pour les ren-
forcer. On doit leur donner souvent de l'air,
pour mieux les rendre propres à être transplan-
tées en pleine terre, aussitôt que la saison sera
suffisamment temperée. Avant de les transplan-
ter, on doit avoir eu le soin de les bien arroser
pour procurer à leurs racines une forte cheve-
lure. Les engrais qui conviennent le mieux à
cette racine, sont le fumier de cheval bien pourri, et la mousse jaune. Plantez vos pommes-
de-terre ainsi cultivées dans de petits fossés,
comme il est d'usage avec le celeri, mais ayez
le soin de laisser un espace de 4 pieds entre eux,
et de 12 à 15 pouces entre chaque plante; à
mesure qu'elles montent, buttez-les avec la
terre des intervalles, en observant néanmoins
de ne pas couvrir la sommité des tiges. Ainsi,
il faut que le terrain, après avoir été bien uni,
soit creusé peu-à-peu pour que les pommes-de-
terre puissent être chaussées jusqu'au moment
où les fossés, formés entre les lignes, soient passablement profonds. Par ce procédé elles produiront, la première année, d'une à cinq livres
pésant par plante, et plusieurs d'entre elles au-

ront chacune plus de 100 tubercules, ce qui pendant une suite de 10 — 12 ans rendra le produit
de cette racine très confidérable.

XXXXI.

Extrait tirée des annales d'agriculture d'Young,

En lifant, l'autre jour, le 113 numero de votre
excellent ouvrage, les annales d'agriculture, je
tombai fur la méthode de Mr. Fawkener pour
faire cuire les pommes-de-terre à la vapeur de
l'eau. Comme je l'ai mife en pratique, que je
l'approuve beaucoup, et la trouve une fort bonne manière d'engraiffer les cochons, je prends
la liberté de vous donner une description de
mon procédé. Il n'eft queftion que d'avoir un
grand chaudron rond de fer blanc avec un couvercle, et percé dans le fond; il doit être fait
de manière à pouvoir s'adapter fur une marmite
ordinaire de cuifine qui doit contenir à-peu près
40 pintes d'eau, méfure de Paris; le chaudron
doit être d'une grandeur proportionnée.

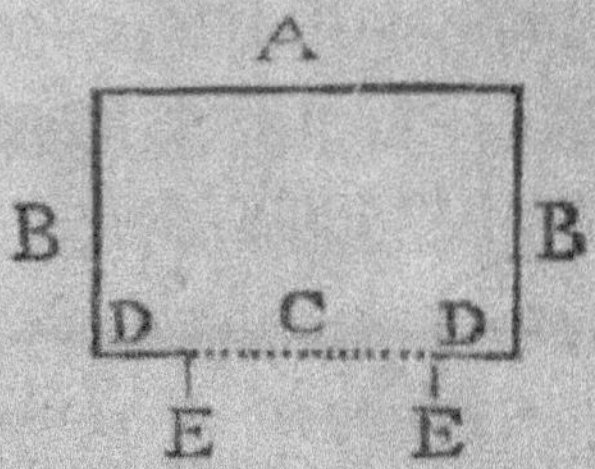

A le couvercle du chaudron circulaire,

B la hauteur, ou le côté,

C le fond percé de trous,

D la partie extérieure du fond environ de
2 pouces, s'appuye au dessus de la marmite,

E un rebord d'environ un pouce et demi
de hauteur et du diamétre de la marmite
de manière à s'y bien adapter.

Je crois que, par cette manière, les pommes-
de-terre cuiront également bien et aussi vite que
si on les met dans l'eau. Les frais nécessaires
pour leur préparation, comme de les laver, le
feu et autres choses requises pour cet objet,
monteront à environ 2 Sous par boisseau. Je lave
les pommes-de-terre de la manière suivante,
qui est aussi propre qu'expéditive. Le reservoir
qui est sous ma pompe a environ 5 pieds et demi

de

de long, et pour y opérer aisement, j'ai une corbeille grossière faite d'osier, qui s'adapte facilement dedans, et qui est percée dans le fond,
de manière qu'en pompant et les frottant avec
un balai, une corbeille de 3 ou 4 boisseaux de
pommes-de-terre est lavée dans un inftant, et
tirée du réservoir nettoyée de toute la terre;
c'eft ce qui conftitue l'utilité de la méthode.

J'engraiffai, l'année dernière, 10 cochons
avec des pommes-de-terre bouillies; ils tour-
nèrent parfaitement bien et devinrent très gras;
le lard en fut très bon, et la dépenfe ne fut pas
la moitié de ce qu'elle aurait été, si je les avais
engraiffés avec des pois ou des fèves, parce que
l'année dernière ces deux articles étaient très
chers, et que les pommes-de-terre étaient à un
prix très raifonnable. *)

*) Mais la manière dont on peut tirer le plus grand
   parti des pommes-de-terre est de les donner, tard
   dans le mois d'Avril ou de May, aux chevaux de
   charrette et aux boeufs qui travaillent. Quand le
   foin est rare et cher, on peut ainsi l'epargner avec
   un grand avantage, mais il faut mêler fuffisament
   de fon avec les pommes-de-terre qu'on donne aux
   boeufs; on ne peut pas les employer d'une manière qui foit plus avantageuse que celle-ci.

XXXXII.

Manière de faire du pain de pommes-de-terre,
par le colonel Lloyd.

Monsieur,

Ayant trouvé, par une longue experience, qu'il
n'y avait aucun avantage réel à mêler des pommes-de-terre boüillies avec de la farine pour
faire du pain, j'ai adopté une autre méthode
qui m'a été fuggerée par mon ami et voifin le
colonel Lloyd, et dont je me trouve parfaitement bien.

La méthode eft de raper les pommes-de-
terre aprés qu'on les a pelées, et de mêler la
pulpe, la liqueur et tout ce qui provient de cette
racine, avec une égale pefanteur de farine. Un
quart de boiffeau de pommes-de-terre aprés
avoir été pelées et rapées peferent 16 livres,
auxquelles je fis ajouter 16 livres de farine dont
on fit enfuite du pain; l'on ne prit qu'une petite
quantité d'eau. Les pains peferent 32 livres de
manière qu'il n'y eut pas d'augmentation; l'on
doit attribuer cette circonstance à la petite

quantité d'eau dont on le fervit, et à l'évaporation des parties humides de la pomme-de-terre.
En fuppofant que les 16 livres de farine euffent
donné 20 livres de pain, il en refte toujours 12
qui font le produit du quart de boiffeau de
pommes-de-terre (dont la valeur eft de 3 Sous
d'Angleterre) qui eft auffi bon, et j'ofe le dire
auffi nourriffant que s'il était entièrement fait
de farine.   Le colonel Lloyd n'a pas intention
de faire ufage d'une autre efpéce pendant ce
tems de difette, et je fuis convaincu qu'il ne peut
pas y en avoir d'auffi agréable à mon gout.
Quoique ce pain foit paffablement léger, il a un
effet contraire au pain de pommes-de-terre fait
à l'ancienne méthode.   Je n'ai pas encore trouvé
une personne qui ne pût en manger deux fois
plus (en groffeur) que de celui de froment; au
lieu que ce pain-ci raffafie plutôt que le pain
de froment.

XXXXIII.

*Procédé des Péruviens pour dégeler les pommes-
de terre.*

La connaissance de ce procédé est due à Mr.
Dombey, médecin botaniste si célèbre qui l'a
recueillie dans le pays. „Les habitants du Pérou
où il géle bien rarement, portent des sacs de
pommes-de terre sur les endroits froids et élevés pour les faire geler; ensuite ils les font ma-
cérer, rouir, pour ainsi dire dans ces sacs, dans
l'eau courante, pendant 20 ou 18 jours, et jusqu'à ce que, reduites en farine, la substance se
separe de l'écorce.   On rejette cette dernière
au moyen d'un crible qui laisse passer la pulpe
et la fécule, et retient l'écorce.   C'est de cette
fécule farineuse, ainsi lavée et purgée de son
odeur virulente, au moyen de l'eau, qu'ils préparent leurs bouillies, leurs soupes farineuses,
leurs aliments, en la mêlant avec du pain ou
de toute autre manière.

XXXXIIII.

*Sur la culture de la chicorée, *) traduit du françois de Mr. Broussonet par Mr. Young, et inséré par lui dans le XVI. volume de ses annales.*

Il était connu depuis long-tems que la chicorée était un très bon fourrage pour les bestiaux, mais ce n'est néanmoins que depuis quelques années qu'on a essayé de la cultiver en grand pour cet objet, et c'est aux soins de Mr. Cretté, membre de la société royale d'agriculture, que l'on doit particulièrement l'extension de cette culture. Plusieurs fermiers, dans différentes parties du royaume, en ont déjà formé des prairies artificielles, et des étrangers, après avoir lû le traité de Mr. de Cretté, se sont empressés de la cultiver, et il y a tout lieu de croire que cette plante deviendra une acquisition précieuse pour l'économie rurale. Les détails qui suivent sur sa culture et ses qualités, sont extraits du mémoire de Mr. de Cretté, publié dans les trimestres de la société d'agriculture.

*) Chicorium intybus.

La chicorée, dont nous parlons, croit naturellement fur le bord des chemins et des fentiers
dans presque tout le royaume ; on la connait à fes
fleurs bleues, et, dans différents endroits, elle eft
cultivée comme falade. Le gout amer de fes
feuilles, et fes tiges la rendent très aifée a distinguer. Elle croit généralement bien dans
toute forte de terrains, mais elle réuffit infiniment mieux dans un bon fol.

On la féme au printems après un feul labour,
et on la couvre avec la herfe; un boisseau de
graine, pésant environ 20 livres, fuffit pour un
arpent, mefure de Paris. *) Quand on la féme
feule en Mars dans un terrain bien préparé par
un bon labour, et qu'enfuite on la herfe, et y
paffe le rouleau, on peut la faucher deux fois
dans la même année. Le produit a toujours été
plus considérable, lorsque le terrain a été fumé
l'hiver précédent. On a également femé de la
chicorée dans de l'avoine, après le fecond herfage, comme cela fe pratique à l'égard de la luzerne et du trèfle, mais dans ce cas, il ne faut

*) L'arpent de Paris eft de 100 perches de 18 pieds
chacune.

s'attendre à en retirer de récolte que l'année fuivante; néanmoins on épargne un labour par là.
On a quelquefois mêlé la chicorée avec de l'
orge, et on l'a femée en même tems.

Cette plante fupporte les plus grandes feche-
reffes, et réfifte aux plus mauvais tems; comme
fa végétation eft très avancée, fes premières
fenilles, larges et touffues, s'étendent de chaque
côté, et couvrent le terrain de manière à retenir l'humidité et préferver fes racines de la chaleur qui deffèche fi fouvent les autres plantes.
Elle n'a rien à craindre des orages, parce que
fes tiges épaiffes et fortes fe foutiennent contre
les pluies et les vents les plus violents; les froids
les plus rigoureux ne peuvent lui nuire. La ra-
pidité de fa végétation la rend furtout très précieufe, parce qu'elle fournit, en abondance, un
excellent fourrage dans une faifon, où le bétail,
dégouté de la nourriture féche de l'hiver, mange
avec avidité les nouvelles herbes.

Mr. de Cretté a fauché trois et même quatre-
fois fa chicorée dans la même année; d'abord
en Avril, puis en Juin, enfuite en Août, et enfin
en Octobre; il en a également fauché fuccessi-

vement la quantité dont il avait befoin pour donner en verd à fon bétail, et lorsqu'il était arrivé au bout du champ, celui où l'on avait commencé de faucher, pouvait l'être de nouveau. Il n'y a pas de prairies, foit naturelles ou artificielles, dont le produit puiffe être comparé à celui de la chicorée. Mr. de Cretté a péfé le produit d'un arpent de la plus belle luzerne, dont les 3 fauchées en verd ont rendu 22000, et qui, aprés avoir été féchés, fe font reduits à 7500 ℔. *) Le produit du trèfle eft encore moindre; la chicorée a fourni en verd 56000 ℔ de fourrage. Mais un avantage que l'on ne peut retirer ni de la luzerne, ni du trèfle, ni d'aucune autre plante à fourage, et que l'on trouve dans la chicorée, eft qu'on peut en retirer une fauchée dés le mois d'Avril.

Le betail n'éprouve jamais d'alteration dans fa fanté par cette nourriture, et on peut lui en fournir pendant 8 mois de l'année; les vaches s'y accoutument très facilement, et les chevaux qui ont befoin de prendre le verd, retirent de

*) La réduction qui s'opère par la défficcation eft ordinairement de deux tiers.

l'ufage de cette plante des avantages d'une grande importance. On a donné aussi cette plante
aux brebis qu'on a menées fur le champ où elle
avait été femée. On l'a fouvent donnée aux beftiaux, mélée avec d'autre fourrage, et Mr. de
Cretté a effayé de la cultiver, mélée avec différentes plantes; il fema un mélange de 4 boiffeaux
de chicorée, et d'un demi - boiffeau de tréfle,
dans le commencement de Mars, fur un terrain
de 6 arpents, dont le fol était aride et fabloneux. Il
donna d'abord un profond labour au commencement de l'hiver, et un fecond vers la fin de Fevrier;
il méla enfuite 18 boiffeaux de graine de fainfoin avec 6 boisseaux de graine de grande pimprenelle, pour les femer fur la furface de ce
terrain. Il le fit herfer plufieurs fois pour ameublir la terre, et enfuite y fit paffer le rouleau
pour en écrafer les mottes. Ce mélange de chicorée, de tréfle, de fainfoin et de pimprenelle
réuffit parfaitement bien, et cette prairie artificielle, abfolument d'une nouvelle efpéce, devint très épaiffe, et préfentait l'afpect du plus
beau paturage dès le commencement du mois de
Juin. Peu de tems après, la chicorée prit le

deſſus, et étouſſa presque toutes les autres plantes.

Mr. de Cretté faucha cette prairie vers la fin
de Juillet ſuivant. Le tems fut très favorable
pour ce travail, et les 6 arpents produiſirent
1300 bottes, péſant de 11 à 12 ℔ chaque, et liées
avec un triple lien. Ce fourrage était excellent,
et paraiſſait infiniment convenir au bétail qui le
mangea avec avidité. Les plantes repouſſerent,
et formerent en Septembre un excellent paturage,
ge, ſur lequel on mena le gros bétail, et qui fut
à la fin livré aux brebis, lorsque la luzerne dans
le canton ne fourniſſait plus de paturage pour
elles. Le berger de Mr. de Cretté était intimement perſuadé que ce champ de 6 arpents avait
été d'une plus grande utilité à ſon troupeau que
ne lui auraient été 18 arpents de la meilleure
luzerne. La chicorée ſémée avec l'avoine réuſſit
également bien.

Il eſt difficile de convertir cette plante en
foin; elle prend beaucoup de place et ſèche mal,
à moins que le tems ne ſoit très favorable. Le
fourrage ſec que la chicorée fournit, eſt, d'après
les expériences reitérées de Mr. de Cretté, fort

bon pour le bétail qui le mange avidement, mais il vaut mieux la faire confommer en verd, car, nous le répétons encore, il n'y a pas de plante à fourrage, qui en donne autant que celle-ci. Nous ne prétendons pas néanmoins que cette plante doive tellement abforber l'attention des cultivateurs, que de leur faire négliger les autres plantes dont on forme des prairies artificielles, mais nous fommes convaincus qu'il y a beaucoup de cas, où elle peut être du plus grand avantage, et rendre d'effentiels fervices à ceux qui cultivent en même tems de la luzerne, du trèfle et du fainfoin, etc.

XXXXV.

Méthode de faler le beurre pratiquée dans la paroiffe d'Udny et dans fon voifinage, extraite de l'état général d'agriculture du Comte d'Aberdeen par James Anderfon, préfentée à la fociété royale d'agriculture de Londres et publiée par fes ordres dans les gazettes.

Quelques personnes de la paroisse d'Udny et de son voisinage ont adopté la manière suivante de saler leur beurre, et elles trouvent qu'il acquiert par-là une grande superiorité sur celui de ceux qui suivent une autre méthode. Voici en quoi celle-ci consiste:

Prenez deux quarts du meilleur sel commun, un quart de sucre, et un autre quart de salpètre, battez le tout parfaitement ensemble, de façon qu'il soit très bien mélé, alors prenez une once de cette composition pour chaque livre de beurre, *) pétrissez-la bien avec lui et fermez-le ensuite pour vous en servir en tems et lieu. Je ne connais pas de simple amelioration en économie qui soit plus importante que celle-ci, quand elle est comparée à la méthode, accoutumée de conserver le beurre par le moyen du sel commun seul. J'ai vu faire à cet égard l'expérience de saler une certaine quantité de beurre d'après cette méthode et un autre selon l'ancien usage; la différence pour le gout et la bonté etait extraordinaire, et je crois qu'au marché, l'un se vendrait 30 pour 100 plus cher que l'autre. Celui préparé avec le mélange avait une consistance moelleuse, une belle couleur, et il ne

*) Il est ici question d'une livre de 16 onces.

contracte jamais une dureté cassante ni ne
prend le gout de fel ; l'autre est en comparaison
dur et cassant, il ressemble beaucoup au fuif
et est beaucoup plus falé au gout. J'ai mangé
du beurre conservé au moyen de la composition
dont je viens de parler, qui la troisième année
était encore aussi doux que la première, mais
il est bon d'observer qu'il faut que du beurre
falé de cette manière reste enfermé trois femaines ou un mois avant qu'on y touche, car fi on
f'en fert plutôt, le fel n'a pas le tems de fe mêler
fuffisament avec lui, et quelques fois on l'apperçoit de la fraicheur du nitre, laquelle fe dis-
sipe entièrement ensuite. La pratique perni-
cieuse de conserver le lait dans des vases doublés de plomb, et de faler du beurre dans des
pots de grèz commence, par une fausse idée
de propreté, à prendre faveur dans cette province de même qu'ailleurs ; le fait est néanmoins le contraire de la propreté, car entre les
mains d'une personne soigneuse, rien ne peut
être plus propre que des vases de bois, mais
entre celles d'une falope, ils découvrent le fécret
que ne reveleraient pas ceux de grez ; en re-

vanche, ces derniers communiquent au beurre
et au lait, qu'on y tient, une qualité très dange-
reuse, qui incontestablement devient destructi-
ve de notre santé, et ce n'est, je n'en doute pas,
qu' à la grande faveur où est cette pratique
qu'il faut attribuer les nombreuses paralysies
qui commencent à se manifester dans ce royaume, car l'effet bien connu du poison de plomb
est d'abord une foiblesse de corps, puis une
paralysie et enfin la mort.

XXXXVI.

*Lettre sur la culture des pommes-de-terre, par Mr.
Wilkinson, article tiré des annales d'Young.*

L'importance de la culture générale des pommes-de-terre n'a jamais été aussi evidemment
démontrée que dans ces tems de disette où
tous les comestibles de première nécéssité sont
si chers pour les pauvres laboureurs, et je ne
connais rien qui puisse fournir un meilleur sup-
plément au pain et à la viande que les pommes-

de-terre. Ayant planté, l'année dernière, un champ de 10 arpents de cette racine, j'en ai eu une grande quantité dont j'ai pu disposer; elles ont été vendues sur le lieu même sur le pied d'un shelling par boisseau. Elles étaient de l'espèce appellée blanche Kindney, qui est fort bonne pour la table; cependant une quantité beaucoup plus considérable fut donnée aux vaches-à-lait et aux cochons de la ferme.

Les frais de culture sont considérables, mais le produit m'a amplement dedommagé.

Permettez-moi de vous faire part de quelques détails, dans lesquels ma culture diffère de celle qui a été généralement adoptée dans les cantons où l'on consacre de grandes étendues de terrain à cette plante. Pour prouver que la méthode que je suis, mérite attention, il me suffira de dire que le produit de 10 arpents monta à 4000 boisseaux, ce qui fait 400 boisseaux par arpent. Le sol était généralement dédaigné, comme nullement propre aux pommes-de-terre, étant une terre forte, graveleuse et exposée au midi. Je fis repandre sur un gazon de trèfle 12 charretées de long fumier, pris

directement de la baſſe cour. Les pommes-de-
terre ſont plantées au plantoir, après avoir labouré la terre une fois; les rangées doivent être
ſéparées par un eſpace de 8 pouces, et les plantes avoir un intervalle de 6 pouces. La quantité de
pommes-de-terre néceſſaire fut au dela de 25
boiſſeaux; on ne commença à planter que le 5
de Mai, et l'on ne finit que le 22 du même mois;
la quantité de fumier que j'avais à faire transporter, et l'éloignement du champ de la baſſe-
cour occaſionnerent ce retard. Le champ fut
farclé deux fois avant que les pommes-de-terre
ſe fuſſent beaucoup élevées andeſſus de la terre;
cela arrêta et détruifit en partie les mauvaiſes
herbes, et fut les ſeuls farclages qu'il fut poſſible
de donner aux pommes-de-terre, à cauſe du
très petit eſpace qui ſe trouvait entre les plantes. Le champ fut bientôt couvert par les jets
des pommes-de-terre, qui étouſferent une grande partie des mauvaiſes herbes, quoique le tems
humide, qui ſurvint enfuite, en produiſit beaucoup qui devinrent très épaiſſes, mais qui ne
purent pas ſe faire jour. Nous avons levé les
pommes-de-terre, en paſſant la charrue dans le
champ

champ et enfuite la herfe qu'ont fuivie un grand
nombre de femmes et d'enfants, mettant les
pommes-de-terre dans des corbeilles, et les
portant enfuite dans des charrettes, amenées
dans le champ pour y être chargées.

L'été, comme plufieurs perfonnes eurent
malheureufement occafion de le remarquer, fut
extraordinairement pluvieux, et pendant que les
grains furent fi fort maltraités par la pluie, les
pommes-de-terre, au lieu de fouffrir, fe main-
tinrent dans la plus forte végétation. Il eft certainement d'une grande importance que le fermier, qui n'a pour fe foutenir que le produit de
fa ferme, étende et varie fes récoltes, de manière qu'il puiffe être en état de braver l'incon-
stance des saisons, et si après une année qu'on
eftime généralement mauvaife, il trouve, en calculant le bien et le mal produit fur fes récoltes
par l'influence du tems, qu'une partie de fes
champs n'a fouffert qu'en proportion qu'une autre a gagné, il peut encore, sans s'inquiéter,
jetter les yeux fur la balance de fes comptes.

On a avancé que les pommes-de terre ap-
pauvriffaient fi fort le fol, qu'on ne pouvait pas

T

fans préjudice en planter fouvent dans la même terre; à cela, j'obferverai que depuis 4 ans, que je cultive cette racine fur le même terrain d'après la méthode ci - deffus, en fumant la terre toutes les années, je n'ai point remarqué de diminution dans les rapports; la dernière récolte n'a pas été différente des premières, le produit de chacune a été confidérable, et jamais au deffous de ce que j'ai rapporté plus haut.

Vaches nourries de pommes - de - terre.

Ayant 10 vaches - à - lait, j'ai effayé en 1792, pour la première fois, des pommes - de - terre, comme un moyen d'augmenter le lait, et de diminuer la confommation du foin; d'abord il n'y eut que la moitié des vaches qui parurent les trouver de leur gout, quoique la quantité qu'on leur en donnat, fut très petite; cependant elles s'accoutumerent par dégrés à cette nourriture, et à la fin, elles s'en accommoderent fi bien, que, vers le printems, lorsque le fourage devint fec, elles voulurent à peine manger du foin, de manière qu'elles furent presqu'entiérement nourries de pommes-de terre, et que chacune d'elles

en mangeât à-peu-près un boisseau par jour.
Comme le lait des vaches fut presque totalement
employé à nourrir leurs veaux, je ne puis pas
assurer précisement dans quelle proportion il
augmenta; la quantité néanmoins fut évidemment très considérable, et on remarqua que le
beurre qu'on en fit, avait un meilleur goût que
celui d'aucune des hivers précédents.   Les vaches eurent par cette nourriture le ventre plus
libre que de coutume, mais elles continuerent
malgré cela à se bien porter, ayant le poil luisant pendant tout l'hiver, ce qui est la marque
la plus sure de la santé de ces animaux. Je dois
cependant observer que, dans les derniers 15
jours, lorsqu'elles commencerent toutes à rejetter le foin, et ne mangerent que des pommes-
de-terre, leur lait devint trop clair et aqueux
pour nourrir suffisamment les veaux, que le
beurre devint blanc, perdit son goût, et n'avait
aucune fermeté ni adhérence.

De ce qui vient d'être dit, on peut tirer les
conclusions suivantes, et qui certainement sont
d'une grande importance dans l'agriculture pratique:

T 2

Qu'une terre grasse et chaude sur un fond graveleux peut être employée avec succès à produire des pommes-de-terre.

Que si le fermier par des empéchements qui lui surviennent, ne peut pas planter ses pommes-de-terre avant le mois de Mai, il ne doit pas se décourager, (pourvu qu'il fume bien) parce qu'il a tout lieu d'attendre une récolte infiniment supérieure en valeur à celle qu'il pourrait se procurer par l'ensemencement de son champ en navets.

Qu'il vaut mieux planter tard les pommes-de-terre, en les fumant bien, que de négliger l'engrais en les plantant de bonne heure.

Qu'il y a tout sujet de croire que les plantes, très rapprochées les unes des autres, donneront un produit beaucoup plus considérable qu'espacées à des distances assez grandes pour admettre la houe.

Qu'une saison pluvieuse, qui est nuisible aux grains en général, bien d'arrêter la vigoureuse végétation de la pomme-de-terre, contribue au contraire à augmenter le produit de cette racine.

Qu'en admettant que les pommes - de - terre peuvent être plantées avec fuccès dans le mois de Mai, (ce dont 4 années d'une heureufe expérience m'ont démontré la possibilité) on a un anneau qui lie la chaine d'agriculture entre les mars et les navets, ce qui eft d'une grande importance, en ce qu'on peut de cette maniére donner du travail aux pauvres, fans fe gêner quant au tems propre à femer l'orge.

Que les vaches-à-lait peuvent être nourries de pommes - de - terre et de foin, ce mélange offrant une nourriture plus faine et moins couteufe que le foin feul, circonstance qui prouve l'importance d'unir les terres labourables aux prairies pour la profpérité des vaches - à - lait. Mais les pommes-de-terre feules, quoiqu'elles fervent beaucoup à augmenter le lait et à conferver la fanté des vaches, ne produiront cependant pas un lait de la qualité qui est néceffaire pour faire de bon beurre, et pour donner une nourriture affez fubftantielle aux veaux.

J'aurais défiré pouvoir déterminer exactement la quantité de pommes - de - terre qui a été donnée à mes vaches, et la valeur du foin qui a

été épargné par la confommation de cette racine, mais je n'ai pu donner mon attention à ces
particularités et à d'autres, parce que j'ai de-
meuré jusqu'ici à 5 milles de ma ferme; mais
comme je viens d'achever une maifon que je puis
habiter fur ma terre, j'efpére d'être en état de
pourfuivre mes essais agronomiques avec plus
d'exactitude et de fatisfaction, parce qu'ils seront dirigés plus immédiatement fous mes yeux.

Je vous ai fait part autrefois du grand fuccès
que j'ai eu en convertissant des champs en prairies, et en les faisant paturer par mes moutons les
deux premières années. Le trèfle blanc ne fut pas
par là feulement confervé, mais encore augmenté, et mon terrain fe couvrit bientôt d'un beau
gazon bien verd, trés épais et ressemblant absolument à celui d'une vieille prairie. L'année
paffée j'ai fauché, pour faire un effai, une nouvelle prairie deux fois au lieu de la faire paturer; le terrain était contigu au champ fur lequel
j'avais fait avec fuccès des effais antérieurs; il y
avait en la même quantité de graine de femée,
et les labours donnés; le fumier que j'y avais
fait mettre après la récolte de l'orge, avaient été

les mêmes ; le champ avait été également préparé pour de l'orge par une récolte de turnips,
qui avaient été mangés fur la place ; néanmoins
la différence fut très remarquable, car il n'a pas
paru, cette année, un tiers du trèfle blanc de ce
que les autres champs ont produit, où les moutons avaient mangé l'herbe. Je fuis convaincu
en consequence que, lorsqu'on défire fe procurer en peu de tems un gazon épais, la faux ne
doit point y toucher des deux premières années,
et comme j'ai fait l'expérience contraire, je m'en
tiendrai à ma première méthode de former des
prairies.

J'ai l'honneur d'être très parfaitement

MONSIEUR,

votre très-humble et très-obéiffant
ferviteur

ABRAHAM WILKINSON.

XXXXVII.

Observations sur la culture des pommes-de-terre, ex-
traites du rapport du comité, nommé par la chambre
des communes en Angleterre, pour aviser aux moyens
d'avancer la culture et l'amélioration des landes
et des terres en friche dans le royaume.

De vieux paturages ont toujours été considérés
comme extrèmement favorable à la culture des
pommes-de-terre, et la méthode suivante a été
même adoptée avec succès sur des marais desse-
chés en partie ou entièrement, et sur des terres fortes, couvertes de bruyere et de buissons,
qui sont très difficiles à labourer. Pêlez et brulez en la surface, ajoutez de la chaux aux cendres, et divisez votre terrain en longues couches
de 6 pieds de large, avec des intervalles de 2 à
2½ pieds entre elles ; mettez vos plantes à 12 pouces quarrés de distance sur les couches, et couvrez les de 2 à 3 pouces de terre que vous pren-
drez avec des béches des intervalles. Lorsque
les plantes paroitront, recouvrez-les de la même
manière, mais cependant d'un pouce et demi ou

deux de terre de plus que la première fois ; ensuite ayez soin de les tenir toujours propres par
un binage et des sarclages répétés. On peut en
faire la récolte au moyen de la charrue, en la
passant dans les couches et en remplissant les
intervalles, convertissant les sillons laissés dans
le milieu des couches, ensaignées assez profondes pour faire sécher le terrain en hiver.

Dans le Dumbartonshire la culture des pommes-de-terre pour améliorer des terres en friche
ou des tourbières, est regardée comme d'un
grand avantage. La seule préparation, usitée
dans cette province, à la plantation de cette racine est de couper les broussailles et d'ôter les
pierres.

Dans l'Ouest-Lothian l'on remarque que les
parties montagneuses de la province donnent
des récoltes beaucoup plus considérables que
les cantons les mieux cultivés dans les vallées.

Dans l'Est-Lothian on trouve que les récoltes sont infiniment meilleures dans le haut dis-
trict que dans la partie basse de la province ; on

n'y regarde pas 60 boisseaux d'Ecosse*), mésure
d'orge, comme une bien bonne récolte, mais
dans la partie basse on obtient rarément au delà
de 40 — 50 boisseaux par arpent.

Mr. Stirling dans le Perthshire a souvent ré-
colté 40 boisseaux d'Ecosse de pommes-de-terre
sur un arpent d'une lande sabloneux, dont il n'
aurait pas tiré un shelling, s'il avait voulu la
vendre.

Dans le Roxbourgshire le Baron de Ruther-
ford a trouvé qu'il n'y avait rien qui valut cette
racine pour mettre en culture des terres en
friche.

Dans le Dumbartonshire Mr. Colquhoun tira
parti d'une tourbiére, en y plantant des pommes-
de-terre sur des couches; il sema après elles
avec de l'avoine, de la graine de foin, ce qui
convient parfaitement à ces terreins, mélés de
tourbe, parce qu'elle s'étend très vite. Cette
prairie a été fauchée tous les ans, parceque le
marais ayant 10 — 12 pieds de profondeur, ne
pouvait pas être paturé.

*) Le boisseau d'Ecosse contient 6 boisseaux d'Angle-
terre.

Dans les montagnes d'Ecosse les plus grosses pommes-de-terre qu'on ait, sont produites sur des marais spongieux, saignés et divisés en couches.

Dans le Perthshire on trouve que les tourbières, lorsqu'elles sont suffisamment saignées, sont un sol favorable aux pommes-de-terre.

Autres autorités.

Trois arpents, nettoyés des génêts et des broussailles qui s'y trouvaient, ont produit 900 boisseaux de pommes-de-terre, mesure d'Angleterre, sans aucun engrais. Des marais bien saignés donnent des produits considérables ; il n'y a pas de sol qui produise une plus grande quantité de pommes de-terre qu'un marais noir ou une terre mêlée de tourbe.

A Charleville en Irlande on trouve que les pommes-de-terre, produites dans des fonds marecageux, échappent à la gelée, pendant qu'elles ne peuvent pas y résister, lorsqu'elles ont été récoltées sur des montagnes.

Mr. Leslie en Irlande a tiré parti des marais, en les saignant et en les fumant ensuite pour des

pommes de-terre. La récolte a été de 320 boisseaux d'Angleterre par arpent; enfuite il a eu une
excellente prairie.

A Mercra en Irlande on obtient des marais,
des récoltes qui font plus confidérables de 50
boisseaux par arpent que celles qui font produites fur des prairies. C'eft de beaucoup le
meilleur moyen de tirer parti des marais, mais
il faut y mettre un peu de fumier.

Mr. Irwin en Irlande effaya de tirer parti
d'une montagne marécageufe, en en pélant et
brulant la furface; il réuffit parfaitement bien,
et récolta les meilleures pommes - de - terre du
canton.

Mr. Browne, en Irlande, améliora 20 arpents
d'une bruyere féche, qui ne valait absolument
rien, au point d'en retirer 15 shellings par arpent. Il y répandit, par arpents, 150 tonnes
de marne blanche; il la laiffa un an, fur fon
terrain ce qui détruifit la bruyere. Ensuite il
laboura deux fois, retira deux récoltes fuccef-
fives de pommes-de-terre, fans mettre de fumier: la première fut très bonne, la feconde

passable ; enfuite il eut 3 récoltes de grains, et le loua pour 15 shellings par arpent.

Lord Altamont en Irlande améliora une montagne, couverte de bruyere, avec du gravier de chaux qu'il laiffa fur la terre pendant 2 ans; cette dépenfe lui revint à 40 shellings par arpent. Il retira enfuite 40 shellings par arpent de ce terrain en le louant aux pauvres pour y planter des pommes de-terre; enfuite il eut 3 excellentes récoltes d'avoine, puis il le loua en prairie à 16 shellings par arpent. Il mit en état une autre étendue considerable de mauvais terrain par le moyen du gravier de chaux et du fable de coquilles, ce qui lui revint à 1 L. 2 S. 9 d. par arpent. Il le laboura, le brula enfuite et y sema des turnips dont il eut une excellente récolte. Il planta alors des pommes-de-terre fans aucun engrais, et fa récolte fut une des plus belles qu'il ait encore vues de fa vie; une feule tige produifit 143 pommes-de-terre. Il eut enfuite 3 excellentes récoltes d'avoine, dont avec la dernière il fema du tréfle blanc, et puis la loua à 20 shell. par arpent. Il tira parti d'un autre terrain, qui ne lui rapportait que 5 S. par arpent ; il y fit porter du gravier de chaux , ce qui lui couta 1 L. 2 S. 9 d. par arpent. Il laiſſa pendant 3 ans cet engrais ſur ſon terrain, et l'afferma enſuite 3 L. 10 S. aux pauvres pour y planter des pommes - de - terre ; aprés il eut 3 récoltes d'avoine, puis il le loua en prairie à 3o S. par arpent.

A Moniva en Irlande, on plante les pommes-de-terre dans des marais, et on y obtient de belles récoltes en les ſaignant et en y faiſant porter un peu de gravier de chaux ou de fumier.

Mr. French, à Woodlawn, dans pluſieurs expériences intéreſſantes ſur l'amélioration des marais en grand, en y plantant des pommes-de-terre, aprés avoir ſaigné et ſumé ſon terrain, a eu un grand ſuccés ; il eſtime ſa récolte à 12 L. par arpent.

Mr. Bland en Irlande a tiré parti d'une grande étendue de terrain marécageux par le moyen de la chaux et du fumier, et en y plantant des pommes-de-terre. Il en a eu deux récoltes également bonnes.

Mr. Shanley en Irlande a retiré d'un mauvais marais rouge, de 4 pieds de profondeur, 1200

Stones *) de pommes-de-terre par arpent; il l'avait faigné, y avait fait porter du gravier de chaux, ce qui lui eft revenu à 3 L. par arpent. Il fuma auffi comme à l'ordinaire; enfuite il eut deux récoltes d'orge, et le mettant en prairie, il le loua 40 S. par arpent.

On s'eft procuré à Swinton, en Yorkshire, fur un fol marécageux et noir, par arpent de 120 — 158 boisseaux de pommes-de-terre, me-fure d'Angleterre.

Mr. Sturt, à Brownsea, a eu 600 boisseaux de pommes-de-terre par arpent fur une tour-bière noire, couverte de bruyere.

Obſervation.

Les autorités qui tendent à developper cette partie du fujet, font, en général, très fatisfaifan-tes et importantes, et ne laiffent pas de doute, que la culture des pommes-de terre ne puiffe être pourfuivie dans ces terrains avec l'efpoir du fuccès le mieux fondé.

*) On entend par Stone, une mefure dont le poids eſt de 16 livres.

Pommes-de-terre plantées dans des bois défrichés.

Mr. Abdy en Essex, membre honoraire de la société d'agriculture, a défriché un bois, y a fait porter 20 charretées de fumier par arpent, et ensuite il y a planté des pommes-de-terre. Le produit a été de 563 boisseaux par arpent, et la dépense de 16 L. 13 S. 6 d.

Observation.

Cette seule expérience peut être très utile à ceux qui défrichent des bois, car il est probable qu'on ne trouvera pas, au premier instant, une récolte à laquelle on puisse recourir avec plus de succès dans de telles circonstances. Il serait essentiel de faire un éssai pour découvrir, si le fumier est nécessaire dans ces cas-là.

Pommes-de-terre dans de jeunes plantages.

En Shropshire Lord Clive trouve que c'est une excellente pratique de permettre la plantation des pommes-de-terre dans ses jeunes plantages, l'année après que les jeunes arbres ont été mis en terre; il permit aux journaliers du

Voisi-

voisinage, et fi le terrain eft neuf ou vierge, il n'eft pas befoin d'y mettre d'engrais pendant les deux premières années. La plantation des pommes-de-terre ne doit pas être continuée au delà de 3 ans, elles font d'un grand avantage aux jeunes arbres.

Mr. Coke d'Holkham, dans la province de Norfolk, permet aux pauvres gens de planter des pommes-de-terre dans fes jeunes plantages, et il trouve que la culture en eft très avantageufe aux arbres.

Obfervation.

Dans tous les cas, où l'avantage du planteur et du pauvre eft réciproque, comme dans celui-ci, il eft très à défirer que le même fyftéme foit adopté, et il fuffira fans doute de fuggerer au public de telles idées, pour qu'elles produifent de bons effets. Comme la culture des pommes-de-terre eft une excellente préparation pour les plantages, pourquoi ceux qui en auraient en vue, ne s'efforceraient-ils pas de l'y joindre?

U

Amélioration des terres en friche par le moyen des turnips et des pommes-de-terre.

La pratique suivante, comme une excellente méthode de tirer parti des terres en friche, paroit avoir des droits à une attention particuliére. Brulez d'abord la surface de ce terrain raboteux, tels que les bords des marais et des terres couvertes de fougére, de genéts et de bruyere etc. dans les mois de Mars, d'Avril, et même de Mai, et repandez les cendres vers le commencement de Juillet, enfuite labourez et herfez le terrain, femez-y des turnips, dont la recolte vous payera le loyer du terrain et la dépenfe du défriche-ment. Au printems fuivant labourez et herfez le terrain, et fans y mettre de fumier, plantez-y vos pommes-de-terre avec une petite charrue. La récolte de ce terrain neuf, cultivé de cette ma-niére, eft trés confidérable; quelquefois on tire une feconde récolte de pommes-de-terre, mais le mieux eft de convertir, auffitôt qu'on le peut, ce terrain en paturages jusqu' à ce qu'il ait acquis une confiftance fuffifante pour produire des ré-coltes de grains dans des rotations reguliéres. Se-lon la nature du fol, on peut l'enfemencer de

graine de foin, mêlée avec de l'orge, si le terrain
est leger, ou avec de l'avoine, s'il est fort ou argilleux.

> *Nota.*   Toutes les fois qu'on parle d'un bois-
> seau d'Angleterre, mesure de pommes - de-
> terre, il faut entendre une mesure qui pèse
> 90 livres.

XXXXVIII.

*Projet d'association pour l'encouragement de l'agri-
culture et des arts agricoles.*

Les habitans des campagnes ne lisent point, non
par insouciance, mais à cause du prix des livres,
infiniment au dessus de leur portée. Ils dévo-
rent avec avidité ceux qui leur proviennent
gratuitement, et le même volume fait successivement le tour de la communauté.

Des amis de l'humanité ont pensé qu'en
mettant de bons ouvrages d'agriculture à la
portée des cultivateurs peu aisés, dans un moment où les feuilles périodiques les ont attachés

davantage à la lécture, on pourrait parvenir à
détruire leurs préjugés, les instruire et contribuer à leur bonheur. Ils ont en conséquence
formé une association de personnes qui, mettant chacune 3oo livres de fonds, feront imprimer les bons ouvrages élémentaires d'agriculture, d'une manière assez économique pour les
vendre à la moitié de leur valeur ordinaire. Un
des associés a offert de les imprimer pour les
feuls débourfés. Ces mêmes capitaux, rentrant
par la vente fuccéssive des livres imprimés, fer-
viront toujours au même usage; ainsi en ne facri-
fiant que l'intérêt annuel de cette fomme, on
aura la fatisfaction d'avoir contribué au bonheur général.

Outre les actionnaires qui auront voix dans
les assemblées administratives de l'établissement, toutes les personnes qui défireront con-
courir à ces vues de bienfaisance, feront admi-
ses à y contribuer. On recevra avec reconnais-
sance les fommes qu' elles voudront y confacrer,
quelque modiques qu'elles foient, et le nom
des donateurs fera inscrit fur la liste des bien-
faiteurs. La fociété d'agriculture, bien con-

vaincue de tous les avantages qui peuvent résulter d'une pareille association, a prélevé fur fes fonds la fomme de 600 livres, pour contribuer à un projèt aussi louable. Cette compagnie fe propose en même tems d'indiquer les ouvrages qu'elle croit les plus propres à remplir le but qu'on s'eft proposé.

XXXXIX.

Encouragements accordés à l'agriculture à Erford et à Copenhague.

Nous avons reçu une note publiée par l'administration d'Erfurt, au nom de l'Electeur de Mayence, en date du 18 Fevrier 1791, dans laquelle on lit les détails fuivants.

S. A. El. a appris avec plaisir, par l'inspection de la caisse de primes accordées, qu'on avait planté plus de 90 mille pieds d'arbres dans le territoire d'Erford, qu'on y avait cultivé en trèfle plus de 3000 arpents, et que les friches y font tellement diminuées, qu'elles font presque réduites à rien. Comme l'Electeur, d'après ces faits, croit avoir atteint son but relativement aux trois points auxquels ils ont rapport, et qu'ainsi il est autorisé à croire que les habitans reconnoissent à présent, par leur propre expérience, combien il leur importe de ne pas les perdre de vue, il pense devoir supprimer désormais les primes accordées pour les arbres, le trèfle et les défrichemens, et pouvoir les appliquer à d'autres objets de bien public, également intéressans. A cet effet, toutes les mesures sont prises pour avoir encore cette année un troupeau de béliers d'Espagne et des meres brebis dans le territoire d'Erford, lequel servira à améliorer successivement l'espéce des bétes à laine dans les différentes communautés, et lorsqu'on y sera parvenu, l'Electeur prendra en considération l'amélioration des autres bestiaux, tels que bœufs, chevaux et cochons.

Encouragemens donnés à l'agriculture.

On mande de Copenhague, en date du 18 Ianvier, qu'il s'est formé dans cette capitale, une société pour la propagation des connaissan-

ces utiles parmi le peuple. Son but principal
est d'éclairer les habitants des campagnes, et
de faire des colléctions des ouvrages qui leur
font plus particulierement destinés, pour les
répandre gratuitement parmi eux. La société
fe propofe même de favoriser autant qu'il fera
en elle, la publication des ouvrages de cegenre,
par des encouragemens. Chaque membre ordinaire paye cinq thalers pour fa récéption, les
autres cinquante. On espère beaucoup des
travaux de cette fociété qui remplit ainsi une
partie des devoirs d'une fociété d'agriculture.

L.

*Figure d'une foffe ou magazin fouterrain pour con-
ferver les racines pendant l'hiver.*

La figure ci-deffus doit fervir à donner une idée

d'une fosse de 15 pieds de long sur 10 de profondeur et un peu moins de largeur ; l'intervalle entre les deux lignes qui s'avancent est destiné à
en former l'entrée. La destination de cette
fosse ordinairement pratiquée sur une élévation
est de recevoir des pommes-de-terre, des carottes et autres grosses racines, comme navets,
raves, disette appellée en Allemagne Mangelwurzel etc. pour la nourriture des vaches en hiver,
ainsi que pour toute autre espèce de bétail dont
on a intérêt de prendre un soin particulier pendant cette saison. La manière dont on procéde
à remplir la fosse dont il est ici question, et qui
offre un très grand avantage pour la conservation
de toutes les légumes qui servent autant à l'en-
tretien qu'à l'engrais des bestiaux, ne peut qu'
être infiniment intéressante pour tous ceux qui
ont quelque gout pour l'agriculture. Cette con-
sideration me détermine à donner un détail de
la méthode que j'ai vue observer dans la haute
Saxe par des fermiers qui en faisaient un grand
éloge.

La première attention requise pour atteindre
l'objet qu'on se propose ici, est de choisir un

jour très fec pour remplir la foffe, afin que l'humidité, qui pourrait peut-être être trop grande
et attaquer les racines, foit entièrement diffipée.
Ainfi, pour être tranquille de ce côté, on ne
procèdera à l'opération que long tems après que
le foleil fe fera levé; enfuite un homme s'eta-
blira dans la foffe pour ranger les racines qu'on
lui portera, obfervant de ne point laiffer, ou le
moins que poffible, d'intervalle entre elles. On
ne parle pas des feuilles qu'il faut toujours ôter
avant de commencer ce travail, parce qu'on
fuppose qu'elles ont été, avant cette époque,
données aux bestiaux. On aura foin que cet
arrangement foit fini avant le coucher du foleil,
et l'on s'empreffera de couvrir le tout de beaucoup de bottes de paille fi ferrées les unes près
des autres, que la plus forte pluie ne puiffe pas
pénétrer, ce qui eft une chofe où il faut porter
l'attention la plus fcrupuleufe, parce qu'à fon
défaut les racines fe gâteraient facilement. La
porte dont j'ai parlé plus haut, eft une excava-
tion affez étroite qu'on remplit aussi; elle ne
forme ainfi qu'une fosse plus petite qui tient à
la grande, et dont on doit foigneufement rebou-

cher l'ouverture après avoir retiré la quantité néceffaire de racines.

Quoiqu'une personne, très verfée dans tout ce qui a rapport à l'agriculture, à laquelle j'ai fait part de cette méthode l'ait approuvée dans fes parties effentielles, elle lui a cependant parue fufceptible d'une beaucoup plus grande perfection, et qu'il ferait facile d'atteindre à peu de frais. Elle confifte à faire un toit de paille affez léger pour être transporté avec aifance, et en même tems affez folide pour refifter aux grands vents et aux longues pluies. Cette mefure en eft feulement une de fages précautions, car la paille qui couvre la foffe, ferait fuffifante dans les hivers ordinaires, mais dans les fortes gelées qui durent un mois, et fouvent beaucoup plus long-tems, et dans des pluies presque continuelles, il ferait poffible qu'elle ne garantit pas entièrement contre un froid rigoureux ou une humidité nuifible les racines qu'elle doit conserver. En confequence de cette crainte, on confeille aux agriculteurs prudents d'ajouter à leur méthode accoutumée l'usage du toit portatif dont je parle, et qu'on fixera à volonté fur la foffe au moyen de 4 chevrons, qui entreront dans 4 poteaux enfoncés dans la terre, et qu'il sera on ne peut plus facile d'assujettir en se servant de quelques vis.

Il sera encore très avantageux de separer les racines au moyen de planches épaisses, pour les empêcher de s'échauffer, ce qui arrive facilement, lorsque l'hiver n'est pas froid, et on aura encore par là l'avantage d'avoir les différentes racines séparées les unes des autres.

LI.

Manière de faire produire les pommes-de-terre au centuple et d'avantage.

Formez avec la charrue un double sillon très relevé des deux côtés, et de 16 à 18 pouces au moins de profondeur. A 4 pieds de là creusez-en un pareil, et même plusieurs, toujours de 4 en 4 pieds.

Laissez quelques semaines cette terre à l'air. Au moment de planter les pommes-de-terre, remplissez les sillons d'un pied épais de fumier léger ; recouvrez-le de 2 ou 3 pouces de terre prise sur les bords. Placez les pommes-de-terre à 1½ pied l'une de l'autre sur cette terre ; recouvrez les de 3 ou 4 pouces de terre.

Lorsque la plante aura poussé 6 pouces hors de terre, on la rechaussera et sarclera proprement ; lorsqu'elle est élevée d'un pied ou 15 pouces, on laboure la terre de 4 pieds entre chaque rangée, et on l'adosse contre les plantes, ce qui les enterre de 8 ou 10 pouces au moins. Si elles poussent encore assez haut, on donne un second labour, et on rechausse encore la plante de 5 — 6 pouces.

En recueillant les pommes-de terre, on en trouve 100 et plus à chaque plante ; tout le terrain relevé contre la plante en renfermera plus que le fond qui porte sur le fumier.

Cette manière de cultiver les pommes-de terre a eu partout le succès le plus complet ; les Anglais lui donnent la préférence sur toutes les autres.

LII.

Manière de tirer parti des pommes-de-terre gelées.

Il arrive quelquefois que par défaut de précautions les pommes de-terre qu'on garde en tas, sont gelées; pendant des hivers rigoureux tels que celui de 1788 — 1789, ces racines gélerent presque par-tout, et la plupart des cultivateurs les ayant rejettées comme inutiles furent privés d'une grande reffource. On a employé plufieurs méthodes pour tirer parti des pommes-de-terre lorsqu'elles avaient été gelees, et nous allons les rapporter d'aprés Mr. Hell, député à l'affemblée nationale, et membre de la fociété royale d'agriculture.

Auffi long tems que les pommes-de-terre ne dégelent point, elles peuvent fervir de nourriture aux hommes, fi on les fait dégeler dans l'eau froide, et cuire à l'ordinaire ce qu'il en faut pour la journee. Lorsqu'elles font dégelées naturellement, on doit les faire cuire avant qu'elles ne commencent à pourrir, les écrafer ou fortir de l'eau, et dans cet état en les mêlant sur-tout avec un peu de son, elles servent à la nourriture des cochons, des bestiaux et des volailles.

Voici un autre procédé. On met les pommes-de-terre avec de l'eau froide dans une chaudière sur le feu, on les fait dégeler d'abord peu-à-peu, et ensuite on pousse le feu pour les faire cuire pendant un demi quart d'heure; on les retire du feu, on les pèle, et on les coupe en tranches de 3 ou 4 lignes d'épaisseur. Ces tranches sont sechées au four après que le pain en a été retiré; elles se conservent très long-tems dans cet état, mais pour les faire servir on les pèle, on les réduit en poudre, car sans cette précaution il faudrait les laisser tremper et cuire trop long-tems. Ces mêmes tranches passées au moulin donnent une espèce de farine, qui, mêlée avec 2 ou 3 parties de farine de froment, fournit un pain de bonne qualité.

Il est un autre procédé encore plus simple, au moyen du quel on peut faire servir les pommes-de-terre gelées; voici en quoi il consiste. Lorsque ces racines commencent à se dégeler, et avant qu'elles ne soient pourries, on les pèle, ce qui eft très aifé, on les coupe en deux et on les met fur des claies placées dans un endroit un peu chaud; là elles jettent beaucoup d'eau, diminuent de volume et de poids, noirciffent à l'extérieur, fe defféchent parfaitement et deviennent très dures. Lorsqu'on veut les employer, il faut les raper. On les fait alors cuire dans du bouillon, du lait ou de l'eau vinaigrée, ou même avec de la viande.

Il eft bon d'obferver que lorsqu'on veut les faire fécher fans enlever la peau, l'eau ne peut point s'écouler, et elles ne tardent pas à pourrir; ce qui arrive même lorsqu'elles ont été cuites. Les pommes-de-terre féchées peuvent fe conserver très long-tems; elles fourniffent de la fécule comme celles qui n'ont pas été gelées.

Les pommes-de-terre gelées ainfi que celles qui ne l'ont pas été, et qu'on a fait bouillir et réduire en pâte, fermentent bientôt fi on les laiffe dans un endroit chaud, et en mêlant cette pâte avec de l'eau, on peut en obtenir une liqueur qui fe rapproche de la bierre; on en retire même de l'eau de vie en fuivant la méthode que nous allons indiquer.

LIII.

Eau de vie de pommes - de - terre.

On a annoncé il y a quelques années, avoir obtenu en Suède une liqueur spiritueuse des pommes-de-terre; différentes personnes ont nié la possibilité de cette opération, mais les expériences de Mr. Anderson, correspondant de la société royale d'agriculture, ne laissent plus de doutes à cet egard. Voici les détails de son procédé.

Il prit 72 livres de pommes-de-terre qu'il fit bouillir dans l'eau jusqu'à ce qu'elles fussent entièrement ramollies; il les écrasa alors sur un crible de fil-de-fer ajoutant un peu d'eau, et de cette manière il sépara les peaux qu'il rejetta. La matière pulpeuse fut mêlée avec de l'eau froide, jusqu'à ce que le tout formât environ 80 pintes de liquide, et lorsque le mélange fut à la temperature requise, on y ajouta un peu de levure de bierre.

Dans 10 ou 12 heures la fermentation commença a s'établir, et elle se soutint assez forte-

ment

ment pendant une douzaine d'heures; après quoi elle commença à diminuer: ce qui fit craindre à Mr. Anderson que son opération ne fut manquée. Après avoir attendu quelque tems, chauffant cependant un peu le mélange, afin de retablir la fermentation, il agita avec force la liqueur, et elle fermenta de nouveau; cette opération fut répétée tous les jours, au moyen de quoi la fermentation se soutint pendant 15 jours. Après ce tems la liqueur cessa de fermenter, et ce fut en vain qu'on l'agita ou qu'on essaya par tout autre moyen de rétablir la fermentation; le mélange avait acquis un certain gout vineux et un dégré d'acidité qui fit juger qu'il était inutile d'attendre plus long-tems pour le distiller. La distillation fut faite avec précaution, dès que la liqueur dans l'alambic fut mise sur le feu. Mr. Anderson l'agita avec un instrument, jusqu'à ce qu'elle eut commencé à bouillir, et alors on plaça le chapiteau; après quoi le feu fut entretenu de manière à faire bouillir fortement la liqueur jusqu'à ce qu'elle fut toute passée. Mr. Anderson employa cette précaution pour prévenir l'adhésion des matières au fond du vase; ce qui n'aurait pas manqué de donner à la liqueur un gout de feu ou d'empyreume.

Suivant ce procédé et avec les rectifications ordinaires, on obtint 4 pintes de liqueur fpiritueufe bien plus forte que celle de l'epreuve, et environ une pinte d'eau de vie moins forte et bien au deffous de celle de l'epreuve. Cette liqueur qui avait un gout très agréable, reffemblait beaucoup à l'efprit de vin, mais avait quelque chofe de plus moëlleux, et laiffait une fraicheur particulière fur le palais. Mr. Anderfon la compare à l'efprit de vin impregné de l'odeur de violettes ou de framboifes; il femblait que ce gout particulier lui vint d'une efpèce d'huile effentielle très attenuée. Cette odeur fe faifait encore fentir fur le vafe après l'évaporation de la liqueur.

Mr. Anderfon a infifté fur les qualités de l'eau de vie de pommes-de-terre, parce que depuis fon expérience il a gouté plufieurs fois de cette liqueur, que d'autres perfonnes avaient extraite de racines, mais qui avait un gout particulier et désagréable; ce qui dependait uniquement de ce qu'on n'avait pas pris la précaution d'agiter la liqueur dans l'alambic.

Des pommes-de-terre crues mêlées avec de l'eau chaude ont fourni une liqueur épaisse, qui n'a jamais pû fermenter malgré l'addition de la levure. La matière farineuse, qui tombe au fond du vase lorsque la fermentation a cessé, peut encore être employée à différens usages, et ne parait point altérée. On peut séparer tous les résidus de la liqueur avant de la mettre dans l'alambic. Si on veut répéter cette opération, il est indispensable de porter la fermentation aussi loin qu'il est possible, sans cela les produits obtenus par la distillation sont tout-à-fait différens. Quoique Mr. Anderson ait distillé la liqueur fermentée sans en avoir séparé les matières les plus grossières, il a obtenu une liqueur de bon gout, ce qui n'a pas lieu pour les navets et les panais, dont une certaine quantité de parties n'etant jamais dénaturées par la fermentation, donnent à la liqueur spiritueuse, qu'on retire d'ailleurs en grande quantité de ces deux différentes racines, une odeur qui la rend infiniment desagréable.

On a employé les fruits des pommes-de-
terre, c'est-à-dire les baies que les plantes produisent assez abondamment à faire une espèce
de liqueur spiritueuse ; mais d'autres cultivateurs
s'en sont servis avec plus d'avantage pour faire
de très bon vinaigre ; objet important dans les
pays où l'on est obligé, par raisons d'économie,
d'employer le vinaigre fait avec la bierre, et qui
n'a jamais la force et le bon gout de celui qui
est le produit du vin.

LIV.

Vesces cultivées au lieu de jachères. Extrait des
annales d'agriculture d'Arthur Young.

En Angleterre, dans les South-Downs, on suit
une méthode excellente pour dessoller les terres ; elle consiste à avoir deux récoltes de vesces, au lieu de la jachère pour le blé. Le cultivateur intelligent ne manquera pas de faire
attention à cette pratique, qui vaut, dit Arthur
Young, la peine de faire un voyage de 200 lieues.

Les agriculteurs de ces cantons fement de bonne heure les vesces d'hiver, qui font paturées au printems, mais un peu tard, par les brebis et les agneaux. Ils labourent auffi-tôt, et fement de suite, fur la même terre, de la vesce d'été, mélée avec de la navette ou rabette, dans la proportion de deux boisseaux et demi de vesces fur un demi gallon, ou deux pintes de graine de rabette par acre. On feme les fecondes vesces pour les faire manger en verd, quelquefois au mois de Juin. Le 6 Octobre, Arthur Young vit une très belle vefciére qu'on achevait de couper entre Léwes et Brighton; la même terre avait déjà donné une bonne coupe de vesces d'hiver.

Plus on réflechit fur cette pratique, meilleure on la trouve. Dans l'année de jachére la terre eft deftinée à nourrir le plus grand nombre poffible de bêtes-à-laine; les deux labours font donnés aux époques les plus favorables; en automne pour que la terre puiffe être murie par la gelée, et qu'elle foit préparée pour faire croitre les herbes, et à la fin du printems, pour renverfer ces mêmes herbes. Dans l'intervalle d'une façon à l'autre, le fol eft couvert d'une production, et la quantité de bêtes qui y font nourries, fournit de l'engrais. La terre qui eft piétinée par les animaux avant de recevoir le blé, eft en meilleur état pour le grain; en un mot, on remplit plufieurs buts, et on a une méthode différente de la pratique déteftable des jachéres. Cette culture pourrait être adopté avec le plus grand avantage dans beaucoup de cantons.

LV.

Manière d'empécher le trèfle de s'échaufer.

Une des découvertes les plus fimples et les plus utiles en fait d'agriculture eft de mêler des couches de trèfle nouvellement fauché alternativement avec des couches de paille dans les meules. De cette manière la féve et la fubftance du trèfle font abforbées par la paille, qui étant ainfi imprégnée, eft mangée avec avidité par les chevaux et les beftiaux, en même tems que cela féche le tréfle et l'empêche de s'échauffer. Cette méthode eft p articulièrement adaptée aux fecondes récoltes de tréfle et de ryegrafs.

LVI.

Article tiré des ouvrages du comte de Rumford , fur une boisson pour les vaches.

Il est bien avéré que les pommes - de - terre avec lesquelles on nourrit les cochons, font plus nutritives lorsqu'elles font bouillies ; et depuis l'in_troduction du nouveau fistém pour nourir le bétail à corne, c'est à dire de le tenir dans les étables toute l'année (methode qui devient très en ufage dans plusieurs parties de l'Allemagne) on a fait de grands progrès dans l'art de pourvoir à la nourriture de ces animaux; c'est fans doute à ces progrès que l'on doit dans ce pays le fucces que l'on a eu en élevant le bétail dans les étables.

Depuis longtems, ceux qui engraissent des bœufs pour les bouchers en Allemagne, ou nour-

riſſent des vaches-à-lait, ont la coutume de leur
donner un breuvage, qui n'eſt autre choſe qu'
une eſpèce de potage préparé ſelon le pays et la
ſaiſon, conformément aux difficultés que l'on a
à ſe procurer les ingrédiens qui le compoſent,
ou bien encore ſelon l'idée des particuliers.
Pluſieurs d'entre eux font un grand ſecret de
leur breuvage, et quelques uns à ma connaiſſan-
ce ont porté le rafinement jusqu'à y mêler une
petite quantité d'eau de vie, et prétendent y
avoir trouvé leur avantage.

Les matières le plus communément employées pour ces breuvages, ſont: du ſon, du
gruau d'avoine, du grain de braſſeurs, des pommes de-terre, et navets pilés, de la farine d'orge, et de ſeigle, avec une quantité d'eau ſuffi-
ſante; quelquefois deux ou trois de ces ingrédiens ſont réunies pour former un breuvage,
mais quelqu'en ſoit le mélange, on y met toujours une bonne portion de ſel.

Il n'y a peut-être rien de nouveaux dans
cette manière de nourrir le bétail, mais la méthode dont ces breuvages ſont préparées en Allemagne, eſt je crois tout-à-fait neuve, et démon-

tre évidemment ce que je fouhaite de prouver, que la cuiffon rend les aliments plus nutritifs.

Ces breuvages furent premièrement donnés froid, mais l'on découvrit enfuite que chaud ils étaient plus nourrissants, et depuis peu dans beaucoup d'endroits leur préparation eft devenue un procédé régulier de cuifinage. Des cuifines ont été baties, et de grandes chaudières préparées, purement pour cuire les légumes donnés au bétail tenu dans les étables, et des fermiers très intelligents, qui ont adopté cet ufage difent (et j'ai auffi trouvé par ma propre expérience) que c'eft extrèmement avantageux, et que ces breuvages deviennent et plus nourriffants et plus fains, et que la dépenfe du feu, et l'embarras qu'occafionne ce cuifinage, fe trouvent bien amplement récompenfés par l'amélioration de la nourriture. Nous trouvons même qu'il eft avantageux de laiffer bouillir ces boiffons un certain tems, 2 ou 3 heures par exemple; puisque plus elles bouillent, plus elles s'améliorent *).

*) Je ne peux pas abandonner ce fujet, fans faire mention d'un usage très commun parmi nos fermiers

LVII.

Manière de cuire les pommes-de-terres pour être mangées en guise de pain.

L'art de cuire les pommes-de-terre est si essentiel pour toutes les classes de la société que nous croyons rendre un service au public en insérant la méthode suivante, qui est celle de la société d'agriculture.

Rien ne tendrait davantage à provoquer une grande consommation de pommes-de-terre, que de donner à la méthode de les préparer une publicité qui pût présenter cette production comme un aliment très avantageux. A Londres on ne donne que peu d'attention à cet objet, mais

en Baviere, et qui mérite bien d'être connû. Ils hachent le tréfle et la luzerne verte, avec lequel ils nourissent leurs bestiaux, et mêlent avec une quantité considérable de paille aussi hachée. Ils prétendent que ces fourages verds sont d'une nature si gluante, et visqueuse, que le betail ne sauroit suffisament ruminer, s'ils n'étoient mêlés avec de la paille, du foin, ou tout autre fourage sec. La proportion établie entre le tréfle, et la paille, est de deux à un.

en revanche la province de Lancaſter et l'Irlande ont vraiment porté la méthode de cuire les
pommes-de-terre à un haut dégré de perfection.
En les préparant de la manière ſuivante, ſi leur
qualité est bonne, on peut les manger en guiſe
de pain, ce qui eſt aſſez commun en Irlande.
On doit antant que possible ſéparer les groſſes
pommes-de-terre d'avec les petites pour les
faire cuire ſéparement; il ſaut les laver proprement ſans les peler ou les ratiſſer, les mettre
dans un pot avec de l'eau ſroide ſans cependant
qu'il y en ait aſſez pour les couvrir entièrement,
parce qu'elles rendront elles mêmes avant d'être
cuites une grande quantité d'eau. Elles ne permettent pas comme d'autres eſpèces de légumes
qu'on les mette dans un chaudron d'eau bouillante; ſi elles ont une certaine groſſeur, il eſt
néceſſaire auſſitôt qu'elles commencent à bouillir, d'y verſer un peu d'eau ſroide, et de répéter
cette précaution jusqu'à ce qu'elles ſoient parfaitement cuites, (ce qui exigera d'une demie
jusqu'à une heure et quart à proportion de leur
groſſeur) ſans cela elles ſe crevent et ſe briſent
par petits morçeaux extérieurement, pendant

que la partie intérieure eſt encore crue, ce qui
leur ôte toute ſaveur, et les rend malſains. L'on
doit pendant qu'elles cuiſent les ſaler à propos;
ceci ajoutera beaucoup à leur bonté, et plus on
mettra de lenteur à les faire cuire, plus elles ſeront bonnes. Quand elles ſont cuites, l'on verſe
l'eau dans laquelle elles ont cuit, et l'on laiſſe
évaporer l'humidité en mettant ſur le feu encore
une fois le pot dans lequel on les a fait cuire.
Cette petite attention les rend extraordinairement ſeches et farineuſes; elles peuvent alors
être portées ſur la table avec la pelure, et on les
mange avec un peu de ſel en guiſe de pain.   Il
n'y a que l'expérience qui puiſſe nous convaincre combien eſt avantageuſe la méthode de préparer les pommes-de-terre de cette manière,
ſur-tout ſi l'eſpéce eſt bonne et farineuſe. Quelques personnes préférent les pommes-de-terre
cuites ſous la cendre, mais la méthode de les
préparer indiquée ci-deſſus et tirée de la notice
intéreſſante de Samuel Hayes, ſeigneur d'Avon-
dale en Irlande, (voyez le rapport ſur la culture
des pommes-de-terre p. 103.) et en partie du
rapport de la province de Lancaſter (p. 63.) et

d'autres mémoires qui ont été communiqués à la société, eft au moins aufli bonne, fi elle n'eft pas préférable.   On a effayé aufli de les cuire au bain de vapeur, parce qu'on croit que par ce moyen elles s'imbibent de moins d'eau; mais en cuifant dans de l'eau elles fe déchargent d'une certaine fubftance, ce que la vapeur feule ne peut pas effectuer, et quand la racine la conferve, elle perd beaucoup au gout; on les fait fecher enfuite en les mettant une feconde fois fur le feu, mais fans eau.   La pomme de-terre avec un peu de beurre, de lait ou de poiffon eft un excellent manger.

Recettes de puddings de pommes-de-terre.

No. 1.

12 onces de pommes-de-terre cuites, pelées
    et écrafées,

1 once de graiffe,

1 once (ou un feizième de pinte) de lait, et
1 once de fromage de Glocefter.

Les 15 onces de ces différentes chofes mêlées avec autant d'eau chaude qu'il eft néceffaire pour leur donner la confiftance qui convient, doivent être mises dans un vaisseau de terre pour y cuire.

No. 2.

12 onces de pommes-de-terre écrasées comme auparavant,

1 once de lait, et

1 once de graisse avec le sel convenable; mêlez le tout dans de l'eau chaude, et faites le cuire dans un pot de terre.

No. 3.

12 onces de pommes-de-terre comme ci-dessus,

1 once de graisse,

1 once d'hareng salé pilé menu dans un mortier; le tout mêlé et cuit comme il précéde.

No. 4.

12 onces de pommes-de-terre écrasées,

1 once de graisse avec

1 once de bœuf boucané, rapé menu, mêlé avec le reste et cuit comme on l'a marqué dans les autres recettes.

Lorsque ces puddings sont cuits, ils pèsent de 11 — 12 onces. Tous ceux qui ont eu oc-

cafion d'en manger, les ont trouvé fort bons ;
mais la recette des Nos. 1 et 5 paraiffait avoir
furtout obtenu une approbation générale.

***

LVIII.

*Extraits des communications de la fociété d'agricul-
ture de Londres fur les maisons à racines et fur
les volieres.*

***

Maisons à racines.

Ces maifons font particulièrement effentielles,
dans les lieux où l'on tient beaucoup de bétail
à corne.   On en fait principalement ufage pour
entasser les choux, et les racines d'hiver, qui
font très néceffaires, non feulement au cas qu'il
vienne à neiger confidérablement, ou qu'un
froid rude fe faffe fentir foudainement, mais
auffi en ce qu'elles font plus à la main, lorsque
l'on veut en ufer.

Les pommes-de-terre étant plus fujettes aux
injures du froid, que tout autre racine, devroient
de préférence en être garanties. Dans les Com-
tes de Lancashire, de Cheshire, et plufieurs au-

tres, les pommes-de-terre font généralement amoncelées dans les champs, et couvertes de terre bien battue, à laquelle on donne la forme d'une toiture de maison, de manière que l'eau s'écoule avec aifance, et fe jette dans un égout qui eft creufé autour de la pile. La manière de faire ces piles eft ainfi qui fuit. L'efpace défigné pour recevoir les pommes-de-terre, eft couvert de paille, fur laquelle on les couche en forme oblongue, les entaffant les unes fur les autres, autant qu'il eft poffible d'en faire tenir. Alors on les couvre de paille que l'on range comme la couverture d'une chaumière, et qui doit fe terminer en angle au fommet : on ouvre autour un foffé, dont la terre que l'on tire eft jettée fur la paille qui forme la couverture des pommes-de-terre, et que l'on bat avec le plat d'une bêche pour la confolider. On met communément fur ces efpèces de toitures, 6 pouces de paille d'épaiffeur, et autant de terre.

Le feul risque que l'on ait à courir par cette méthode dans les fortes pluies, est, qu'elle s'infinue par le fommet : mais on peut rémédier à cet inconvénient en plaçant la paille par fou-

mi-

milieu en cet endroit, et la courbant des deux
côtes; alors on empêchera la pluie de pénétrer,
ce qui n'arrive jamais lorsque l'on prend la peine
nécessaire pour l'éviter.

Volières.

La volaille lorsqu'on y donne l'attention nécessaire, peut être d'un très grand profit au fermier; mais lorsqu'on en tient beaucoup, il ne
faut pas la laisser courir, car dans ce cas on ne
peut se promettre d'en tirer un grand avantage:
non seulement beaucoup d'œufs seraient perdus,
et beaucoup de poules détruites par les animaux
voraces, mais à certaines saisons de l'année elles
font beaucoup de dégat, soit dans les granges
ou dans les champs. Sans doute la volaille ra-
masse quelques grains aux portes des granges,
qui autrement auraient été perdus; mais si la
paille est bien battue et secouée, il devrait y en
avoir très peu. Dans la manière peu soigneuse
de battre le bléd, on jette beaucoup de grain
parmi la paille; mais cette perte ne peut pas
être mise en balance avec le tort que fait au bétail les plumes, et le crottin que la volaille dé-
pose dans la paille en voulant en extraire ces

grains. Il vaut donc mieux lui en donner d'ailleurs une certaine quantité, et laisser profiter le bétail du peu qui se trouve dans la paille.

La volaille devrait toujours être renfermée, mais non pas dans une volière étroite et sombre, comme c'est souvent le cas; il lui faudroit au contraire un lieu arrangé pour elle, spacieux et bien airé. Beaucoup de gens pensent que chaque espèce de volaille devrait être tenue séparement; ceci cependant n'est pas absolument nécessaire, car toutes les espèces peuvent être mises pêle-mêle, pourvû qu'elles aient un lieu suffisamment grand pour courir, et qu'il y ait des divisions et des nids pour chaque espèce, où elles se retireront naturellement d'elle-mêmes. Cette manière est mise en pratique avec succès chez Mr. Wakefield près de Liverpool, qui élève une grande quantité de dindes, d'oyes, de poules, de canards etc. tout dans les même lieux; et quoique les jeunes dindons soient en général très difficiles à élever, il en fait venir beaucoup à chaque saison, avec peu, ou point d'embarras.

Ce Mr. a environ 3 quarts ou près d'une acre
de terre entourée d'une palissade haute de 7—8
pieds, formée d'échalas, ou d'autres bois minces
placés très près les uns des autres, et liés ensemble par le bas et par le haut, qui doit être
taillé en pointe afin d'empêcher la volaille de
voler par dessus; ce qu'elle n'essaye jamais de
faire, quoique la palissade soit si basse. Dans
cet enclos sont des volières d'une construction
légère (mais bien garanties de la pluie) pour
chaque espèce de volaille, ainsi qu'un étang ou
ruisseau d'eau courante. Ces volailles sont presque nourries de pommes-de-terre bouillies, et
croissent parfaitement bien. La quantité de
crottin faite dans ces volières est aussi un objet
digne d'attention, et il ne faut pas oublier toutes les fois qu'on les nettoye, d'enlever en même
tems une mince partie de la surface, ce qui fait
un excellent engrais.

La volière la plus magnifique qui ait jamais
existé, se trouve chez le Lord Penrhyn, à Win-
nington dans le Comté de Cheshire; elle consiste en une superbe façade régulière, d'environ
140 pieds; à chaque extrémité est un joli pa-

villon avec de grandes fenêtres cintrées. Ces pavillons sont unis au centre de l'édifice par une colonnade de petits pilliers de fer fondu, peints en blanc; la quelle supporte une corniche, et un toit d'ardoise, qui couvre une promenade pavée, et plusieurs autres compartimens utiles pour la volaille, les œufs, le grain, etc. Les portes qui y conduisent, sont travaillées en treillis peint en blanc, et le cadre en verd. Dans le milieu de la façade sont 4 belles colonnes de pierre, et 4 pillastres supportant également une corniche, et un toit d'ardoise, sous lequel et entre les colonnes est une magnifique porte de fer à la mozaïque; d'un côté de cette porte est un élégant petit salon joliment meublé, et tapissé en papier, et à l'autre bout de la colonnade une très jolie cuisine, si excessivement propre, et en si bon ordre, que c'est un vrai plaisir de la voir. Cette façade est le diamètre d'une cour demi-circulaire qui se trouve en arriere, autour de laquelle regne une colonnade, et une grande variété de choses utiles pour la volaille. Au milieu de cette cour proprement pavée, est un étang circulaire, et une pompe. Le tout fait

face à un petit verger appellé l'enclos de la volaille, dans lequel elle a la liberté de promener
entre les repas. Je m'y trouvois à une heure,
qui est celle du diner, on sonna une cloche, la
belle porte de fer s'ouvrit, et alors la volaille
qui est en grande partie à courir dans l'enclos,
et qui connait par le son de cette cloche que l'
heure du repas est arrivé, court, et vole de tous
cotés, et se précipite par la porte pour obtenir
la première béquée. Dans ce tems il y avait
environ 600 têtes de volaille d'espèces différentes réunies dans ce demi-cercle, où la propreté
était si grande, en dépit d'un si grand nombre
de volaille, qu'on n'y voyoit pas la moindre or-
dure. La volière est battie de briques à l'ex-
ception des corniches, des pilliers, et je crois
aussi des litteaux, et jambages des portes et fe-
nétres. On ne voit point les briques qui sont
toutes couvertes par une très belle sorte d'ardoise, tirée d'une terre appartenante à ce seigneur dans la principauté de Galles. Ces ar-
doises sont très serrées les unes contre les autres, et attachées par plusieurs clous-à-vis, contre des morceaux de bois fixés eux-mêmes dans

la brique. Ces ardoifes une fois ainfi placées
font peintes, et foupoudrées d'un beau fable
blanc, tandis que la peinture eft encore humide,
ce qui donne au tout l'apparence d'être bati en
pierre de taille.

LIX.

Manière d'élever et d'engraisser les Dindons.

On engraisse beaucoup de Dindons à la ménagerie de Versailles, et voici le procedé qu'on
y fuit. Les Dindonneaux font tirés communement du marché de neaufle, et ils font pris fans
qu'on fasse attention aux différentes races, on
tâche de les avoir les plus jeunes possible. Les
Dindonniers qui les foignent les font manger le
matin de très bonne heure et les mènent paître
jusqu'à midi qu'on les ramène à la basse cour
pour les faire manger; ils font conduits de nouveau à deux heures après midi aux champs ou le
long des chemins, et ils y restent jusqu'à fix
ou fept heures du foir, ils prennent à cette heure

de la nourriture et immédiatement après on les
perche l'un après l'autre fur des bâtons, ce qui
exige infiniment de foin.   On a l'attention de
leur donner beaucoup de paille et de renouveller cette litière tous les jours; malgré ces foins
il en périt quelquefois plus de la moitié.

Lorsqu' ils font jeunes on les met dans des
lieux exposés au midi, mais au moment de les
engraisser on les place du côte du Nord, toujours à couvert et dans un endroit bien clos.
On nourrit les dindonneaux avec un pâtée faite
avec des oeufs durs, de la mie de pain et un peu
de lait. A 3 où 4 mois on leur donne de la recoupe *) et du son mélé avec de l'eau.   Ce n'eft
qu'à 5, 6, et même 7 mois qu'on commence à
les engraisser, et cette opération ne dure pas
plus de 6 femaines.   Leur nourriture consiste
alors en une certaine quantité de recoupe, de
fon, un peu de lait et un peu de farine d'orge;
ils font à cette époque enfermés dans un endroit
obfcur et tous enfemble, mais on leur donne
beaucoup de paille qui eft renouvellée fouvent.

*) Recoupe, fon qu'on tire du froment après qu'on
   en a ressassé la farine, fon gras, ou grosse farine.

Les femelles s'engraissent, en générale, plus aisément que les mâles, et ceux-ci ne font jamais chaponnés. Lorsqu'ils font une fois gras, on ne s'eft pas apperçu qu'ils couruffent risque de dépérir; mais comme nous l'avons déja remarqué, il meurt une grande quantité de jeunes dindons, et on ne connoit pas de moyen de les fauver. Les dindons gras péfent ordinairement de 15 20 livres, quelquefois 25, on en a même eu à la ménagerie du poids de 30 livres.

LX.

Recette pour engraiffer la volaille par un emigré Lorrain.

Il faut les enfermer dans des cages et les tenir proprement, et compofer leurs nourritures de cette façon: un tiers de farine d'orge, un tiers de farine de bléd de Turquie, et un tiers de farine de Sarazin; mouiller le tout avec de l'eau fraiche, et former en des boulettes de la groffeur et de la longueur de la moitié du petit doigt, et ne les faire qu'au moment qu'on veut donner à manger à la volaille, les ayant auparavant trempé dans du lait. On donne la nourriture trois fois par jour: la première fois à 5 ou 6 heures du matin, la seconde fois à 11 heures, et la troisième fois à 5 heures du soir. De plus il faut faire attention toutes les fois que la digeſtion soit faite, ce que l'on obſerve en les tâtant au jabot; car s'ils n'avaient pas tous digerés, il ne faut pas leurs donner à manger. Enfin il ne faut point leurs donner la nourriture avant qu'on les aye fait prendre une cuillere de l'eau fraiche; ſans cela on les feroit mourir.

Cette manière de traiter la volaille convient aux chapons et aux poulardes, et en obſervant ces regles on peut les engraiſſer avec la même nourriture. En rétranchant la farine de ſarazin, il faut faire l'appareil aſſez liquide pour leurs donner à manger à la pompe *), comme on en-

*) Cette machine conſiſte dans un petit réſervoir qu'on remplit de la nourriture qu'on veut donner aux poulets, qu'on pompe doucement dans le bec de l'animal qu'on tient ouvert avec une main, jusqu'à ce qu'on obſerve que ſon jabot ſoit bien rempli.

graisse les poulets et les pigeons. Pour engraiffer de cette manièr les poulets et les pigeons il ne faut que 15 jours, et 8 jours aux chapons et aux poulardes.

Recette pour engraiffer les cochons.

Pour engraiffer les cochons vous faites cuire
des pommes-de-terre dans un grand four aussitôt que le pain en eft tiré. Dans une heure et
demi quand elles font cuites, vous les remuez
en fortant du four pour en faire tomber la terre
qui peut avoir refté. Après cela crafez les pendant elles font chaudes avec un gros pilon de
bois, dans un grand cuveau, et y ajoutez autant
de farine d'orge mouillée avec de l'eau fraîche,
et que cela ne foit ni trop épais ni trop liquide.
Cette pâte peut fe conserver pendant 8 jours.
Donnez à manger à ces animaux trois fois par
jour, tenez les proprement, et dans un mois ils
feront fuffifamment gras; et pour que le lard en
foit meilleur et plus ferme, il faut les nourrir
les derniers 8 jours avec de l'orge pure fans la
mouiller ou l'écrafer.

LXI.

*Observations sur les avantages de multiplier les prai-
ries artificielles, par le Duc de Bethune-
Charost.*

Les avantages des prairies artificielles, à qui,
comme l'a dit l'auteur du traité qui les concerne, qui a paru en 1778, le nom de *prairies cultivées* conviendrait peut-être encore mieux, font
aujourd'hui reconnus dans un grand nombre des
provinces; nous ne pouvons nous dissimuler
qu'elles font encore bien négligées dans les pays
voisins du Cher : quelques propriétaires, quelques cultivateurs, fans doute, ont franchi à cet
égard les barrières de la routine; mais nous ne
pouvons pas nous cacher que le régime des prairies artificielles n'est point celui de la culture
généralement suivie.

Cette culture intéressante, à qui un Etat
voisin (l'Angleterre) doit cette supériorité dans
l'économie rurale, que nous pouvons atteindre
et que notre sol nous permet peut-être de sur-
passer, doit attirer les regards de la société;
quand elle n'aurait à espérer de ses soins que

ce bien, ses membres pourraient jouir du plaisir si doux d'avoir été utiles à leurs concitoyens: elle a deux moyens d'en propager l'introduction, l'extension des prairies artificielles, l'instruction et l'exemple.

Des instructions puisées dans les meilleures sources sur la culture et les propriétés des diverses plantes à fourrages, et répandues dans les diverses communes de son arrondissement, et des essais dans ses champs d'expérience, répétés par plusieurs de ses membres dans les différens cantons qui le composent, car des essais qui réussissent, parlent aux yeux; et comme l'a dit un Poëte célèbre, „ce qui frappe les yeux, fait plus d'impression que ce qui n'atteint que l'oreille,“ feront naître le désir de l'imitation qu'elle secondera encore par des distributions de graines.

La société sera puissamment aidée dans ses travaux à cet égard par la nouvelle édition que le gouvernement encourage de l'excellent traité des prairies artificielles du Mr. Gilbert, professeur de l'école vétérinaire d'Alfort. En attendant je me propose d'offrir successivement à

la société des observations détachées sur plusieurs des plantes à fourrage dont la culture est
encore inconnue sous ce rapport dans son arrondissement, sans négliger d'attirer ses soins
sur celles qui, quoique connues, ne sont pas
assez prisées ni assez cultivées.

Les plantes graminées offrent,

1 Le RAY-GRASS (Lolium perenne de Linn.)
appelé quelquefois Fromental.

2 Le Fromental (Avena elatior ou Avena pan-
niculata, Linn.) ou Ray-grass de France,
faux Seigle.

3 Le THIMOTHY (Phleum pratense, Linn.) Thi-
mothée, Massée, des prés, ou grosse Mas-
sette.

4 La grande Fétuque (Festuca elatior. Linn.)

5 Le Blanchard velouté (Holcus lanatus. Linn.)

6 La Flouve (Autoxante odoratum, Linn.)
Autoxante, Chiendent odorant.

7 La Fétuque rouge (Festuca rubra Linn.)

8 La Coquiole (Festuca ovina. Linn.)

9 La Fétuque flottante (Festuca fluitans, Linn.)
Mâne de Pologne, Mâne de Prusse.

10 Le Maïs (Zea, Linn.) Blé de Turquie, de
Rome, d'Espagne, gros Millet.

Les Plantes légumineuses offrent,

11 { La Luzerne (Medicago sativa. Linn.)
{ La Luzerne crenelée.

12 Le Sainfoin (Hedysarum onobrychis Linn.)
Bourgogne, Esparcette, Herbe éternelle,
gros Foin.

13 { Le Trefle rouge (Trifolium pratense, Linn.)
Trefle des prés, Tremene, Clave, Trio-
let.
Le Trefle blanc (Trifolium pratense, flore
albo.)
Le Trefle jaune (Medicago, Lupulina, Linn.)
Minette dorée, Lupuline.

14 { Le Melilot, (Trifolium agrarium, Trifolium
pratense.)
Melilot, Triolet jaune, Herbe aux mouches.
Melilot de Sibérie.

15 Le Genêt épineux (Ulex europaens) Ajonc,
haut Jonc, Jonc marin, Jomarin, Landes,
Brusque.

16 Le Fenn - Grec ou Senegré (Foenum graecum) (Trigonella, Foenum graecum Linn.)

17 Le Cytise (Cytisus graecus Linn.) Cytise ar-
    genté, Pluknet, Trèfle-Arbre.

      ⌠ La Vesce (Vicia sativa) Vesce des pigeons.
18 ⟨ La Vesce de Bourgogne (Vicia silvestris)
      ⌡   Jarousse, Jarosse, Harousse.

19 La Gesse (Lathyrus, Linn.) Lentille suisse.

20 L'Ers (Ervum verum, Ervum aracteus. Linn.)

21 La Lentille (Ervum lens. Linn.)

22 Le Pois gris (Cicer arietinum, Linn.) Pois
    chiche, Pois de brebis.

23 Le Lupin (Lupinus albus Linn.) Pois lupin.

24 L'Orobe (Orobus vernus Linn.)

25 La petite Fève (Faba equina Linn.) Fève-
    role.

26 La grande Pimprenelle (Sanguisorba major
    rigida Linn.) grande Sanguisorbe.

27 Le Plantin à cinq côtés (Plantago lanceo-
    lata Linn.)

28 La Spergule (Spergula arvensis Linn.) Espar-
    goutte.

29 La grande Bistorte (Polygonum, Bistorta,
    Linn.) Mentrine.

30 Ortie grande ou Griéche (Urtica, Dioica,
    Linn.)

51 Le Turneps (Braffica-Napus, fativa, Linn.)
    gros Navet, Rabroule, grosse Rave.

52 La Carotte (Daucus, Carotta. Linn.)

53 Le Panais (Pastinaca sativa) Pastenade.

54 La Betterave-champêtre (Beta, Cicla altis-
    sima, Linnée) Turlips, Racine de Disette.

55 { Le Choux - Cavalier (Brassica semper vi-
    rens. Linn.)

    Le Choux-Rave (Brassica oleracea, Gon-
    gilodes. Linn.)

    Le Choux - Navet (Brassica, Napo-Bras-
    sica Linn.)

56 La Pomme-de-terre, Trufle, Trufe rouge
    ou blanche.

J'ajouterai à cette lifte une plante légumi-
neufe dont la culture a été fuivie avec foin par
un de mes anciens confrères à la fociété d'agriculture, Mr. Cretté Palluel: cette plante eft la
chicorée, la grande chicorée ou chicorée fau-
vage. Je vous mettrai fous les yeux les fuccès
de cette culture propre à l'amélioration des terres.

LXIII.

*Observations concernant la chicorée sauvage cultivée
en grand.*

La chicorée sauvage (Cicoreum silvestre, Tour-
nefort) (Cicoreum - Intybus, Linn.) présente
une racine vivace, longue d'un pied, fibreuse,
remplie d'un sucre laiteux, sa tige est ferme,
velue, tortueuse, haute d'un pied et demi, ses
feuilles ressemblent à celles du pissenlit commun, velues et d'un vert foncé, elles diminuent
de grandeur vers la partie supérieure de la tige,
ses fleurs naissent des aisselles des feuilles qui
sont à l'extrémité des tiges disposées en bou-
quet de couleur bleue, quoique quelques variétés en présentent de rouges ou de blanches;
il leur succède une capsule qui vient du calice
et qui contient des semences anguleuses, blan-
châtres, sans aigrettes; toute la plante est em-
preinte de beaucoup de suc laiteux et amer.
Je ne parlerai point de ses propriétés connues
comme plante potagère ou médicinale ni comme remplaçant le caffé en boisson par ses raci-

nes torréfiées et pulvérisées. Je ne considère aujourd'hui cette plante que sous le rapport de fa culture en grand comme prairie artificielle. C'est à Mr. Cretté-Palluel, citoyen estimable, qui a reçu plus d'une fois des témoignages, honorables de la confiance de fes concitoyens et un des membres le plus utile de la fociété d'agriculture, à qui l'on doit d'en connaître les avantages.

On séme la chicorée au printems, nommément (à la fin de Mars et cours d'Avril), après un feul labour, et on la recouvre à la herse; vingt livres fuffisent pour un arpent de Paris, ou vingt-cinq pour quatre boisselées de St.-Amand, formant le grand arpent; lorsqu'on la féme feule, en Mars ou au commencement d'Avril, dans une terre préparée par un labour, ensuite hersée et roulée, on peut en obtenir au moins deux récoltes dans une même année.

Si on la féme, comme cela fe peut, avec les avoines (avant les feconds herfages, ainfi qu'on le pratique quelquefois pour la luzerne et le trefle), on ne peut espérer de récolte que l'année fuivante, mais on épargne un labour.

Comme la chicorée croît de bonne heure, ſes premières feuilles larges, touffues, s'étendent latéralement, couvrent la terre et en conservent la fraîcheur; ce qui préserve les racines des chaleurs qui ſouvent desséchent les autres productions.

Cette plante résiste aux orages, les gelées et les grands froids ne lui portent aucune atteinte, ſon prompt accroissement la rend ſur-tout précieuse dans la ſaison où les animaux ſont avides de plantes fraîches, les vaches qui s'en nourrissent abondent en lait; elle a aussi l'avantage d'être une nourriture très-saine pour les moutons, et de pouvoir être donnée aux chevaux qu'on met au vert.

Ses produits sont très-abondans, et comme les faits parlent mieux que de vaines conjectures, je vais rapprocher ici les détails que nous ont transmis à cet égard Mrs. Cretté-Palluel, et Arthur-Young, ce célèbre cultivateur qui a été placé en Angleterre à la tête du département d'agriculture.

Produits de la Chicorée sauvage, obtenus par Mr.
Cretté-Palluel.

Il a eu trois ou quatre récoltes.

La 1re en Avril,
La 2me en Juin,   dans une même année.
La 3me en Août,

Il a aussi essayé d'en faire couper à mesure des besoins de ses bestiaux, et à peine était-il arrivé à l'extrémité de son champ, que l'autre lui en fournissait de nouveau de bonne à couper.

Le produit de la chicorée est le double de celui de la luzerne ou du trefle dans une même étendue de terrain.

Vingt deux milliers verts donnent sept milliers et demi en sec, mais ce fourrage est difficile à faner, et il est bien plus expédient de le faire manger en vert aux bestiaux qu'il n'incommode jamais.

Produits de la Chicorée, obtenus par Mr. Arthur-Young.

Ce cultivateur qui a reporté cette culture en Angleterre, de ce qu'il appelle son tour (ou voyage) de France en 1789, 1790 et 1791, et s'en applaudit comme d'un présent fait à sa patrie,

A eu trois récoltes:

Une 1re, au commencement du printems, de bonne heure;

Une 2me, le 24 Juillet;

La 3me, le 3 Décembre.

Sur deux acres (l'acre est de 160 perches quarrées) ont produit 38 tonnes de 2000 livres pesant, ce qui fait par acre 38 milliers d'un fourage vert et agréable à toute forté de bestiaux.

D'après de tels faits et de telles autorités, la société s'empressera de se procurer des graines de chicorée, d'en faire essayer la culture sous ses yeux, et de la propager comme une des prairies artificielles les plus généralement utiles.

Le zèle connu de Mr. Cretté - Palluel, pour tout ce qui intéresse la prospérité publique, ne permet pas de douter qu'il ne donne à la société tous les renseignemens qu'elle pourrait croire avantageux de se procurer de celui qui peut être regardé pour ainsi dire comme le fondateur de cette culture.

Liste des erreurs.

Page 3 il faut lire à Saxmondham, au lieu de, Saxmond-
                      ham.
——— 5   ——— Majendie, au lieu de, Majendi.
——— 5   ——— Sturt, au lieu de, Hurt.
——— 7   ——— célebré, au lieu de, celebre.
——— 8   ——— la connoiſſance, a. l. de, connoiſſance.
——— 11 ——— Stanley, au lieu de, Hanley.
——— 11 ——— à cause, au lieu de, cause.
——— 11 ——— Haddington, au lieu de, Kaddington.
——— 13 ——— à Sheffield, au lieu de, Sheffield.
——— 27 ——— lisez, Betterave, au lieu de, Bellerave.